Thomas Sammer
Andrea Back
Thomas Walter

Mobile Business

Management von mobiler IT in Unternehmen

Verlag buch & netz, Zürich, http://buchundnetz.com Version 1.0 - 20140106

ISBN 978-3-03805-029-2 (Print)
ISBN 978-3-03805-065-0 (PDF)
ISBN 978-3-03805-066-7 (ePub)
ISBN 978-3-03805-067-4 (Kindle)

Umschlaggestaltung: 99designs (mc france)
Illustration Umschlag: Ratchanida Thippayos, Stock Photo, 123RF
Layout und Satz: Elsy Zollikofer

Dieses Werk ist auch als buch & netz Online-Buch, sowie als eBook in verschiedenen Formaten verfügbar. Käufer des gedruckten Buches können die eBook-Versionen kostenlos beziehen. Weitere Informationen dazu sowie den Blog zum Buch finden Sie unter der URL: http://buchundnetz.com/buecher/mobile-business

Bibliografische Information der Deutschen Nationalbibliothek:
Die Deutsche Nationalbibliothek verzeichnet diese Publikation in der Deutschen Nationalbibliografie; detaillierte bibliografische Daten sind im Internet über http://dnb.dnb.de abrufbar.

Inhaltsverzeichnis

Vorwort

Mobile Business ist – wie kaum je ein anderes Thema – sehr schnell zur breiten Umsetzung in der Praxis gelangt. Viele Unternehmen haben zunächst ihre Innovationsbudgets eingesetzt, um erste Anwendungen zu entwickeln und Erfahrungen zu sammeln. Nach dieser explorativen Phase ist nun unternehmensweit ein professionelles Management von mobiler Informationstechnik (IT) gefordert.

Mit diesem Buch liegt Fach- und Erfahrungswissen vor, das wir intensiv seit anfangs 2011 erarbeitet haben. Der erste Baustein für dieses Buch war die von T-Systems geförderte Studie zu Mobile Business Solutions[1], die wir mit am Lehrstuhl parallel laufenden Forschungsprojekten verknüpft haben. In diese erste Studienphase sind Ergebnisse von rund 350 Umfrageantworten und Interviews mit mehreren Projektbeteiligten in 20 Unternehmen, die vor allem Thomas Walter geführt hat, eingeflossen. Das Buch profitiert weiterhin von der nachfolgenden Forschungsphase, die von Thomas Sammer vorangetrieben wurde, und zeigt, dass die zweite Generation Mobile bereits Gegenwart ist. Dieses Thema ist in Form eines Whitepaper «Mobile Business 2013 – Der Einfluss von Second Generation

1 www.business-goes-mobile.de, 2012

Enterprise Mobility auf die Value Chain von Unternehmen»[2] aufbereitet, dessen Publikation ebenfalls die T-Systems unterstützt hat.

Von Anfang an war unser Ziel, nicht allein die technischen Aspekte zu behandeln. Es liegt uns daran, eine strategische Betrachtung von Mobile Business zu verfolgen, die für Managementfunktionen relevante Erkenntnisse präsentiert. So reifte der Entschluss, unsere Forschungserkenntnisse weiter auszubauen und in Buchform an Fachverantwortliche in Organisationen und Studierende weiterzugeben.

Nach einer ausführlichen Einleitung gliedert sich das Buch in die fünf Hauptkapitel, deren Gerüst das St.Galler Business-Engineering-Modell ist:

- Strategische Ebene
- Prozesse
- Technologie
- Kultur, Führung und Verhalten
- Transformation

Da «Mobile» in alle Produkt- und Prozessebenen hineinreichen kann, wagten wir uns in eigener Sache an Mobile Publishing heran. Das neue Fachbuch sollte nicht nur als traditionelles, gedrucktes Buch gestaltet werden, sondern zuallererst als eines für mobile Endgeräte. Die erste Auflage, die Nullserie sozusagen, war deshalb eine Media-Book-Version im ePub3-Format mit interaktiven Elementen, insbesondere Videos. Wir haben das Media-Book in unserer Lehrveranstaltung für Master-Studierende an der Universität St.Gallen im Frühjahrssemester 2013 eingesetzt und die Rückmeldungen berücksichtigt; es wurde auch an die Teilnehmenden

2 http://www.t-systems-mms.com/mbs

unseres St.Gallen Mobile Business Forum 2013[3] ausgegeben. Mit der hier vorliegenden Erstauflage machen wir nun auch im Vertriebs- und Marketingprozess einen Innovationsschritt. Im Buch- und Onlineverlag *buch & netz*[4] haben wir einen Partner gefunden, der mit einem neuen Geschäftsmodell die aktuellen Bedürfnisse von Leserschaft und Autoren erfüllt.

Für die Videoaufnahmen machten sich anfangs Jahr 2013 Thomas Sammer und ich mit einer leichtgewichtigen Video-Amateurausrüstung auf den Weg, um für die Kapitel Fallbeispiele mit strukturierten Video-Interviews zu dokumentieren. Durch die Aufgeschlossenheit unserer Ansprechpartner bei den Firmen *Audi, SBB, DLH, adidas Group* und *Swiss Re* ist dies in kurzer Zeit gelungen. Wir danken allen Praxisvertreterinnen und -vertretern für ihre Offenheit und Bereitschaft, diese spontanen Video-Interviews zur Veröffentlichung freizugeben, auch bzw. gerade weil sie nicht den Anspruch auf Fernsehqualität erheben.

Mobile ist nicht mehr aus der Unternehmenspraxis wegzudenken. Strategisch konzipiert, mit Fokus auf belegte Geschäftsnutzen und mit kompetenten Teams in der Projektierung werden mehr und mehr Organisationen die aktuellen Herausforderungen angehen und sich insbesondere den Spannungsfeldern zwischen Einfachheit in der Bedienung und IT-Sicherheit, dem Wandel im Software-Deployment und im IT-Innovationsmanagement und der Gewinnung und Entwicklung von kompetentem Personal widmen.

Es ist mir und meinen Mitautoren, Thomas Sammer und Thomas Walter, eine Freude, unsere Einblicke mit Ihnen zu teilen. Auch Elsy Zollikofer, die das Lektorat und den Satz hervorragend bewältigt hat,

3 http://aback.iwi.unisg.ch/veranstaltungen-und-events/mobile-business-forum/mobile-business-forum-2013/

4 http://buchundnetz.com/ueber-uns

gebührt großer Dank. Wir bleiben weiter dran am Thema - Sie auch? Dann lassen Sie uns in Verbindung bleiben, durch die Lektüre und Ihre Rückmeldungen zu diesem Buch. Und bestimmt kommen wir auch einmal persönlich in Kontakt. Dafür bieten sich insbesondere das dann 3. St.Gallen Mobile Business Forum 2014[5], unsere Mobile Business Roundtables und Weiterbildungsmodule[6] an.

Prof. Dr. Andrea Back
St.Gallen, Dezember 2013

5 http://aback.iwi.unisg.ch/veranstaltungen-und-events/mobile-business-forum/mobile-business-forum-2014/

6 http://aback.iwi.unisg.ch/weiterbildung/

1 Einführung

Das folgende Kapitel gibt einen Einblick in die Thematik Mobile Business. Es werden die zentralen Begriffe definiert sowie Trends und Herausforderungen behandelt. Anhand von Beispielen wird die Bedeutung von Mobile Information Technology (IT) im Unternehmen dargelegt. Der Aufbau des Buches basiert auf dem Business-Engineering-Modell, welches ebenfalls in diesem Kapitel beschrieben wird.

Wissensziele:

- Sie verstehen die Bedeutung von Mobile IT.
- Sie können die zentralen Begriffe voneinander abgrenzen und definieren.
- Sie verstehen das Business-Engineering-Modell. Sie haben einen Überblick zum Eco-System Mobile Business.
- Sie können die verschiedenen Geräteklassen voneinander abgrenzen und verstehen Ausprägungen von Second Generation Enterprise Mobility (SGEM).
- Sie sind sensibilisiert, dass unter Mobile IT unterschiedlichste Aspekte verstanden werden und in Unternehmensprojekten zunächst ein gemeinsames Verständnis hergestellt werden muss.
- Sie verstehen, auf welche Unternehmensbereiche Mobile IT einen Einfluss hat.

1.1 Motivation und Ausgangslage

In der Mobilisierung von Informationssystemen und der damit verbundenen mobilen Unterstützung von Geschäftsprozessen sehen führende Unternehmen eine wichtige Möglichkeit zur Kostenreduktion, Generierung von Kundenmehrwert oder sogar Erschließung von neuen Geschäftsfeldern. Ermöglicht wird dies durch Mobile IT, eine Bezeichnung, die wir als Sammelbegriff für sämtliche mobile Computergeräte verwenden. In manchen Unternehmensbereichen, wie in der Logistik, ist der Einsatz von Mobile IT, z. B. in Form von industriellen Handhelds mit hochspezifizierten Anwendungen, seit Jahren Standard. Ab etwa 2010 ist Mobile IT aus dem Konsumentenmarkt in den Fokus gerückt. Die zunehmende Anzahl und Reife von Apps und die weite Verbreitung von Smartphones und Media Tablets sind Anlass für viele Unternehmen, neue oder bestehende Anwendungen als App umzusetzen. Hierbei ist jedoch nicht, wie bislang bei mobilen Anwendungen, fast ausschließlich der unternehmensinterne Einsatz relevant, sondern auch die Entwicklung von Anwendungen für den Kunden. Viele Unternehmen haben bereits den Mehrwert von Apps als neuen Kanal zum Kunden erkannt. Schon 2010 folgten viele Unternehmen dieser Entwicklung mit einer Reihe von meist einfachen Marketing-Apps; eine Auszählung des Angebots an öffentlichen Apps der DAX-30-Unternehmen stellt fest [Walter, 2010], dass insgesamt bereits 120 Apps von DAX-30-Unternehmen in öffentlichen App Stores angeboten wurden. Dieser Trend hat kaum an Schwung verloren, und mittlerweile gibt es eine deutlich höhere Anzahl an Unternehmens-Apps in öffentlichen App Stores. Bei einer zweiten Erhebung 2012 zum App-Angebot der 15 verkaufsstärksten Automobilmarken im deutschsprachigen Raum konnten auf drei App Stores (Apple App Store, Android Play und Microsoft Marketplace) insgesamt 1.327 Apps identifiziert werden.

Die wachsende Nachfrage nach Apps hat auch Auswirkungen auf die Softwareentwicklungsbranche. Nach einem Gartner Report von 2011 hat das Marktvolumen für App-Entwicklung bereits jenes für Business-Intelligence-Anwendungen (BI) überholt und soll ab 2013 sogar das für ERP Systeme übersteigen [Finley, 2011]. Dieses dynamische Wachstum und die stetig steigende Nachfrage nach App-Entwicklung führen bei vielen etablierten Softwarekonzernen zu Neupositionierungen: Wurde das Marktsegment der App-Entwicklung anfangs mehr von kleinen Agenturen, Medienunternehmen oder Spieleentwicklern bedient, sehen nun auch Großkonzerne der Softwareentwicklungsbranche, wie SAP, Oracle oder salesforec.com, Potenzial in der Entwicklung von Apps und drängen in dieses Marktsegment.

Dabei haben auch der Funktionsumfang und die Reife von Apps ein höheres Niveau erreicht. Mittlerweile werden umfangreiche Geschäftsprozesse, wie beispielweise der Passagier- inklusive Ticketing-Prozess für den Bahn- oder Flugverkehr, als Apps implementiert und Kunden öffentlich über App Stores angeboten. Im Gegensatz zu reinen Werbe-Apps, die in der technischen Umsetzung noch recht einfach sind und die teilweise komplett von Drittanbietern im Auftragsverhältnis entwickelt werden, erhöht sich der Komplexitätsgrad, sobald Apps auf unternehmensinterne IT-Services zugreifen müssen. Diese komplexeren Apps werden als Enterprise Apps bezeichnet. Der höhere Implementierungsaufwand bzw. der größere Investitionsbedarf führen zu Fragen, welches Betriebssystem geeignet ist oder welcher Ansatz für die technische Umsetzung und den laufenden Service passend ist. Bei Apps, die von Mitarbeitenden verwendet werden und die auf unternehmenssensible Daten zugreifen, wie bspw. CRM, Sales- oder Service-Apps, sind Überlegungen zur Wahl des Zugriffs- und Datensicherungskonzepts und zur Deployment-Strategie anzustellen. Diese Zunahme an Komplexität ist ein Entwicklungsschritt, der Mobile IT zu einem Thema macht, welches das gesamte Unternehmen und alle Bereiche der Value Chain betrifft. Die betriebliche Anwendung von Mobile IT fällt unter den Sammelbegriff Mobile Business.

DEFINITION

«Mobile Business bezeichnet jede Art von geschäftlicher Transaktion, bei der die Transaktionspartner im Rahmen von Leistungsanbahnung, -vereinbarung oder -erbringung elektronische Kommunikationstechnologie in Verbindung mit mobilen Endgeräten einsetzen.» [de Reuver et al., 2009]

Typische Fragen in diesem Zusammenhang sind:

- Wie können Innovationen zur Nutzung von Mobile IT gefördert werden?
- Wie können IT-Projekte in diesem Bereich organisiert sein?
- Wie können die Aktivitäten zu Mobile IT unternehmensweit koordiniert werden, um Insellösungen vorzubeugen?
- Welche Einsatzbereiche bringen Vorteile und wo liegen Kostenrisiken?
- Welche Kennzahlen eignen sich zur Messung des Erfolgs von Mobile IT?
- Welche technischen Aspekte in den Bereichen IT-Sicherheit, Deployment und Umsetzung müssen beachtet werden?
- Welche Auswirkungen hat die ständige Nutzung von Mobile IT auf Mitarbeitende?

Mit diesen und weiteren Fragen beschäftigt sich das vorliegende Buch zu Mobile Business. Wir möchten die Erfahrungen und Erkenntnisse aus der Literatur, der Praxis und der Forschung des Kompetenzzentrums Mobile Business zusammenführen, um eine ganzheitliche Betrachtung zu diesem Thema zu geben. Mit diesem Buch können sich Fachverantwortliche in Unternehmen, Berufseinsteiger sowie fortgeschrittene Studierende im

Bereich BWL und Wirtschaftsinformatik ein fundiertes Wissen zum Thema Mobile Business aneignen. Für Experten und Führungskräfte dient dieses Buch darüber hinaus als umfangreiches Nachschlagewerk und bietet eine vielseitige Auswahl an Erfolgsbeispielen aus der Praxis.

1.2 St.Galler Business-Engineering-Modell

Wie beschrieben, hat Mobile IT das gesamte Unternehmen erfasst. Um ein solch umfangreiches und komplexes Thema strukturiert behandeln zu können, ist ein Raster notwendig, der das Thema strukturiert. Als solches eignet sich das Business-Engineering(BE)-Modell der Universität St.Gallen. Mit dem BE-Modell ist es möglich, ein Thema ganzheitlich zu erfassen und koordinierte Maßnahmen für die Einführung und Integration von Mobile IT zu gestalten. Dabei steht BE für die systematische Entwicklung neuer Geschäftslösungen. Das BE-Modell beschreibt die relevanten Teilbereiche für eine ganzheitliche Transformation des Unternehmens in fünf Ebenen: den drei Basisschichten «Strategie», «Prozesse» und «Technologie» sowie den übergreifenden Ebenen «Transformation und Steuerung» und «Kultur, Führung und Verhalten» [Österle, 2006]. Diese Ebenen zerlegen ein Transformations- oder Integrationsproblem in beherrschbare Teilprobleme. In diesem Buch verwenden wir das BE-Modell, um die relevanten Themen in Bezug auf Mobile IT auf den verschiedenen Ebenen aufzuzeigen. Abb. 1-1 skizziert das BE-Modell und seine Ebenen und damit auch den konzeptionellen Aufbau des Buchs Mobile Business.

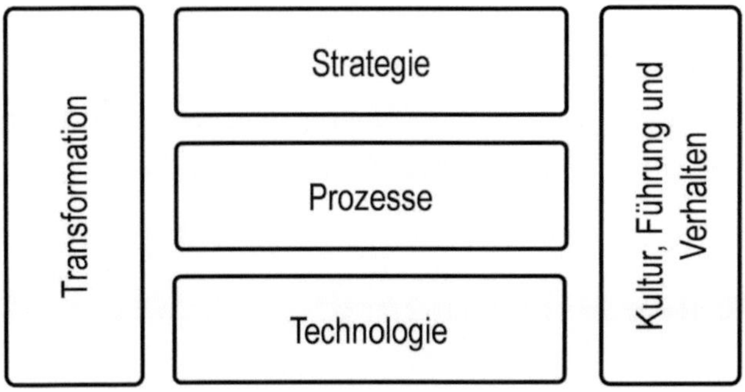

Abb. 1-1: Struktur des St.Galler Business-Engineering-Modells

1.3 Datengrundlage

Wie bereits angesprochen, ist es den Autoren ein besonderes Anliegen, mit diesem Buch die Erkenntnisse aus der Literatur, der Praxis und der Forschung zu verbinden. Einblicke in die Herausforderungen und die Lösungsansätze in der Praxis beim Einsatz von Apps im Unternehmenskontext spielen im Buch eine wichtige Rolle. Dafür wurden 20 detaillierte Fallstudien zu Apps im Unternehmenseinsatz bei 16 verschiedenen Konzernen im deutschsprachigen Raum aufgenommen. Es wurden zwischen Juli 2011 und November 2011 20 Individualinterviews geführt. Als Interviewpartner in den ausgewählten Unternehmen dienten ausschließlich Personen, die an der Konzeption, Planung und Einführung von Enterprise Apps beteiligt waren. Insbesondere Interviews mit CIOs, IT-Managern oder Projektmanagern bilden daher die Datenbasis der Managementperspektive in der Praxis. Die Datenerhebung wurde in persönlichen oder telefonischen Interviews auf Grundlage eines 70 Fragen umfassenden und strukturierten Interviewfragebogens durchgeführt. Die reine Gesprächsdauer betrug i.d.R. 60 bis 90 Minuten. Ergänzt wurde die Managementperspektive mit einer Online-Umfrage, um auch die Benutzerperspektive einzubeziehen. Die Online-Umfrage zielt darauf, ein besseres Verständnis über die Ansprüche von Arbeitnehmern (Anwendern) an das mobile Arbeiten zu erhalten. Auch hier war die Leitfrage: Was bedeutet mobiles Arbeiten bei Ihnen in der Unternehmung? Dafür wurde im September 2011 auf sieben Seiten eine 22 Fragen beinhaltende Umfrage bereitgestellt. Als einziger Anreiz wurde den Teilnehmern versprochen, nach Abschluss Einblick in die Ergebnisse zu erhalten. Deshalb ist davon auszugehen, dass vor allem Personen teilgenommen haben, die am Thema mobiles Arbeiten interessiert sind. Die Umfrage wurde im September 2011 über drei verschiedene Newsletter angekündigt und darüber hinaus in den Social-Media-Kanälen des Instituts für Wirtschaftsinformatik gestreut. Die Auswertung der Umfrage beinhaltet komplette Antworten von 287 Personen. Die Teilnehmer waren im Schnitt 34 Jahre alt und zu drei Vierteln männlich. Aussagen auf Basis der Daten der Online-Umfrage sind direkt in den folgenden Kapiteln enthalten und runden das Bild ab. Die beschriebene Datenbasis (Online-Umfrage und Individualinterviews) und einige Textpassagen basieren auf der Arbeit des Kompetenzzentrums Mobile Business im Rahmen der «Mobile Business Solutions Studie 2012» [Walter & Sammer, 2012].

Neben dieser Datenbasis beziehen wir uns auch auf konkrete Fallbeispiele in Unternehmen, die jeweils als Videointerview, aufgenommen im Frühjahr 2013, in den entsprechenden Kapiteln eingebettet sind. Damit wird eine konkrete Herausforderung für jede Ebene des BE-Modells anhand eines realen Beispiels in einem Unternehmen detailliert beschrieben. Generell gibt es bei den Fallbeispielen kein «Richtig oder Falsch». Die Motivation der Autoren ist es vielmehr, Probleme, Lösungswege und Argumente für den Leser «greifbar» zu machen. Alle Fallbespiele sind dabei einheitlich aufgebaut und strukturiert:

1. Unternehmen und Kontext: Hier werden allgemeine Informationen zum Unternehmen, den betroffenen Abteilungen und der Position des Interviewpartners gegeben. Der Kontext ist besonders wichtig, um die individuellen Entscheidungen nachvollziehen zu können.
2. Ausgangslage und Herausforderung: In diesem Abschnitt wird jeweils beschrieben, wie und warum es zu einem Handlungsbedarf gekommen ist und welche Kriterien die Lösung erfüllen musste.
3. Entscheidung und Lösung: Ausgehend vom Handlungsbedarf wird der Entscheidungsfindungsprozess beschrieben, die zentralen Argumente und Überlegungen dargelegt und die umgesetzte Lösung erklärt.
4. Lessons Learned und Ausblick: Abschließend werden die Ergebnisse reflektiert und ein Ausblick gegeben.

Die Videointerviews wurden von Prof. Dr. Andrea Back und Thomas Sammer im Januar und Februar 2013 geführt.

Einigen Interviewpartnern war es aufgrund innerbetrieblicher Vorschriften nicht möglich, den Unternehmensnamen oder ihren Namen für Zitate freizugeben. Wir weisen deshalb darauf hin, dass die genannten Unternehmen nur eine Auswahl der besuchten und befragten Unternehmen widerspiegeln. Wir danken an dieser Stelle auch den nicht genannten Interviewpartnern.

1.4 Eco-System Mobile Business: Zentrale Begriffe und Entwicklung

Als Einstieg befassen wir uns zunächst mit dem Eco-System Mobile Business und definieren die zentralen Begriffe. Das Thema Mobile Business hat nicht nur in Unternehmen für große Veränderungen gesorgt, sondern auch zur Entstehung diverser neuer Geschäftsfelder oder ganzer Unternehmen beigetragen. Die Vielzahl an Technologien, Standards und Organisationen, die Produkte oder Dienstleistungen in Zusammenhang mit Mobile Business ermöglichen, bezeichnen wir als das Eco-System Mobile Business. Dieses Eco-System ist umfangreicher als oft bekannt, weshalb wir ein einführendes Beispiel aus einer Alltagssituation geben. Wir betrachten im Folgenden einen simplen Telefonanruf zwischen zwei Smartphones, einem (i) Android Smartphone, hergestellt von Samsung, und einem (ii) iPhone von Apple:

Das Smartphone (i) wird von Samsung hergestellt (Gerätehersteller) und verwendet das Betriebssystem Android, welches u.a. von Google entwickelt wird. Um den Anruf zu tätigen, wird die Telefon-App gestartet, die in Java programmiert ist. Java ist eine Programmiersprache, die von Sun Microsystems (seit 2010 Oracle) entwickelt wird. Um den Anruf durchzuführen, wird eine Funkverbindung bzw. ein Mobilfunkstandard benötigt, der meist von der Internationalen Fernmeldeunion (International Telecommunication Union – ITU) definiert wird. In Westeuropa ist es üblich, dass die Rechte zur Nutzung des Mobilfunkstandards von der jeweiligen Regierung an Mobilfunkanbieter (MNO / Mobile Network Operator) verkauft oder vergeben werden. Der Mobilfunkanbieter betreibt dazu ein Mobilfunknetz, für welches er die Komponenten (Funkmasten etc.) von IT-Infrastrukturanbietern wie bspw. Cisco, Ericsson oder Huawei bezieht. In unserem Fall wird der Anruf mittels dem Mobilfunkstandard LTE und über den Mobilfunkanbieter Orange abgewickelt. Die angerufene Person hat einen Vertrag beim Mobilfunkanbieter Swisscom und ist über den Mobilfunkstandard UMTS verbunden. Der Anruf wird auf einem Apple iPhone entgegengenommen, welches das Betriebssystem iOS von Apple verwendet und vom Gerätehersteller Foxconn gefertigt wird. Die Telefon-App bei iOS ist in der Programmiersprache Objective-C geschrieben. Bereits in diesem vereinfachten, in Abb. 1-2 illustrierten Szenario sind mindestens neun Organisationen involviert. Bis es dann allerdings wirklich beim Gesprächspartner klingelt, sind noch weitere Produkte, Dienstleistungen und Technologien notwendig.

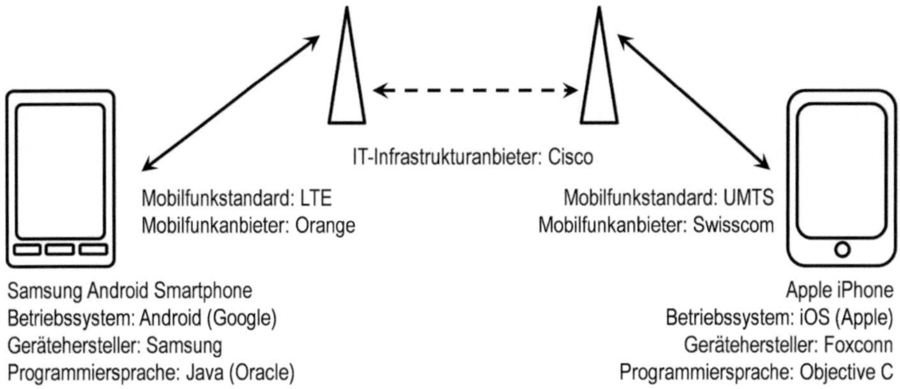

Abb 1-2: Produkte, Dienstleistungen und Technologien, die bei einem simplen Telefonanruf involviert sind (vereinfachte Darstellung)

Neben den bereits angesprochenen Teilnehmern im Eco-System Mobile Business gibt es noch einige weitere. Eine Kategorisierung der Teilnehmer des Eco-Systems ist dabei nur bedingt möglich und wird sich laufend verändern. Dennoch sollten die zentralen Teilnehmer genannt sein, und diese werden auch in den kommenden Jahren Bestand haben. Im Folgenden wird, ausgehend von einem Smartphone, eine Kategorisierung der zentralen Teilnehmer vorgenommen.

Netzwerk/Funkverbindung: Ein wesentlicher Bestandteil von Mobile IT ist die mobile Kommunikation. Dafür wird eine Netzwerkverbindung benötigt. Die Datenverbindung macht es möglich, Telefonate zu führen, SMS zu verschicken und eine Verbindung zum Internet herzustellen. Für diesen Dienst sind eine Reihe von Produkten, Dienstleistungen und Standards notwendig.

- Mobilfunkanbieter: Der Mobilfunkanbieter ist der Eigentümer der SIM-Karte. Die SIM-Karte identifiziert ein mobiles Gerät und damit auch den Besitzer. Diese Identifizierung ist technisch und rechtlich notwendig, um ein Mobilfunknetz zu verwenden. Der Mobilfunkanbieter gibt in Verbindung mit der SIM-Karte seinen Kunden die Möglichkeit, ein Mobilfunknetz zu verwenden. Wichtige Mobilfunkanbieter in der Schweiz sind Swisscom, Orange oder Sunrise.
- Mobilfunkstandard: Zur Verwendung des Mobilfunknetzes ist ein Standard notwendig. Mit Standard ist hierbei eine technische Definition gemeint, die eine Kommunikationsverbindung ermöglich. Der Standard hat direkte Auswirkungen auf die Empfangsreichweite und Kommunikationsgeschwindigkeit. Wichtige Mobilfunkstandards sind LTE (4G), UMTS (3G) oder GSM (2G).
- IT-Infrastruktur: Ein Mobilfunknetzwerk wird durch eine aufwändige IT-Infrastruktur realisiert; dies erfordert einen hohen Investitionsbedarf. Die Infrastruktur beinhaltet die Funkmasten, aber auch die Kabelverbindungen der Funkmasten zu den Netzwerk- bzw. Internetknoten. Ein wichtiger Anbieter im Bereich IT-Infrastruktur ist Cisco.

Gerät: Das Eco-System Mobile Business umfasst auch eine Reihe von Hardware-Komponenten. Hier sind durch die Tiefe der Fertigungsprozesse noch deutlich mehr Unternehmen involviert.

- Gerätehersteller: Der Gerätehersteller produziert das Gerät. Hier muss zwischen der Marke und dem Produzenten unterschieden werden. Zwar wird Apple als Hersteller von iPhones und anderen Geräten angeführt, produziert werden diese jedoch derzeit vom Unternehmen Foxconn.
- Komponentenanbieter: Elektronische Produkte weisen ähnlich wie Autos eine hohe Fertigungstiefe auf. Die verschiedenen Elemente eines Smartphone (Bildschirm, Schutzglas, Hauptplatine, CPU, GPU,

Speicher, Kamera, Mikrofon, GPS-Empfänger, Gyroskop etc.) werden meist von unterschiedlichen Unternehmen gefertigt, und die einzelnen Komponenten setzen sich meist noch aus weiteren Subkomponenten zusammen, die ebenfalls von anderen Herstellern gefertigt werden können.
- Zubehöranbieter: Neben den klassischen Anbietern mobiler Geräte, wie Smartphones und Media Tablets, haben sich andere Unternehmen darauf spezialisiert, Zubehör für diese Geräte zu fertigen. Ob Schutzhüllen, Kopfhörer, Adapter und Stecker, die Palette an Zubehör ist sehr umfangreich.

Dienste und Content: Neben der Hardware spielen auch die Software und digitale Inhalte (Content) eine große Rolle im Eco-System Mobile Business. Gerade in diesem Bereich ist das Mobile Business oft ein Game-Changer für etablierte Unternehmen, wie bspw. in der Unterhaltungsindustrie. Dienste und Content sind dabei die zentralen Aspekte der Individualisierung von mobilen Geräten. Die Benutzer können entscheiden, welche Inhalte und Dienste bzw. Apps sie auf ihrem Gerät haben.
- Softwareanbieter (App-Entwickler): Das Suchen nach und Installieren von Software ist bei mobilen Geräten immer einfacher geworden. Softwareentwickler, gleich welcher Größe, können ihre Anwendungen einer Vielzahl von Nutzern anbieten, ohne sich um die Distribution oder den Bezahlprozess kümmern zu müssen. In diesem Zusammenhang sprechen wir von Apps, die über einen App Store bezogen werden. Apps bestimmen maßgeblich die Funktionalität eines Gerätes. Durch das Installieren von Apps kann ein Benutzer den Funktionsumfang seines Geräts erweitern und anpassen.
- Content-Anbieter: Mobile IT vereint heute eine Reihe von Hardwarefunktionen, die oftmals auf die Wiedergabe von Audio und Videoinhalten ausgelegt sind. Gerade für Unternehmen in der Un-

terhaltungsindustrie ist dieser neue digitale Kanal sehr relevant. Ob Buch, Musikstück oder Film, alle diese Inhalte sind auf mobilen Geräten konsumierbar. Die Herausforderung liegt hierbei besonders im Schutz von Urheberrechten, dem Verteilen der Inhalte und dem Anpassen von Qualität und Speichergröße. Ähnlich wie bei den Hardwarekomponenten sind an der Erstellung von digitalen Content auch eine Vielzahl von Unternehmen beteiligt. Zum einen gibt es Anbieter, wie bspw. Amazon oder Apple mit iTunes, und zum anderen lassen sich diesem Eco-System auch die Produzenten der Inhalte, Musiklabels und Filmstudios zurechnen.

Betriebssystem: Das Betriebssystem, auch eine Software, betrachten wir getrennt, da es sehr viele Restriktionen und Vorgaben für die Entwicklung von Apps oder die Wiedergabe von digitalem Content bedingt. Wichtige Betriebssysteme sind Android, iOS oder Windows Phone.

- Distributionsplattform für Software (App Store): Eng mit dem Betriebssystem verknüpft sind Distributionsplattformen für Apps. Die Distributionsplattform erlaubt das Suchen, Kaufen, Installieren und Updaten von Apps. Teilweise ist die Distributionsplattform so eng mit dem Betriebssystem verbunden, dass sie die einzige offizielle Möglichkeit darstellt, Software auf dem Gerät zu installieren. Wichtige Distributionsplattformen sind der Apple App Store, Google Play oder der Microsoft Marketplace. Von jedem über einen App Store getätigten Kauf profitieren sowohl der Entwickler als auch der Betreiber des Marktplatzes in Form einer Provision (meist zwischen 20 und 30%).
- Programmiersprache: Die Technologie bzw. die Programmiersprache, mit welcher die Software implementiert wird, ist ebenfalls eng mit dem Betriebssystem verknüpft. Wichtige Programmiersprachen sind Objective-C bei iOS, Java bei Android und C# bei Windows Phone.

Abb. 1-3 illustriert das eben beschriebene Eco-System anhand der Darstellung eines Smartphone. Die Darstellung ist auf die gängigen Betriebssysteme und Geräte übertragbar.

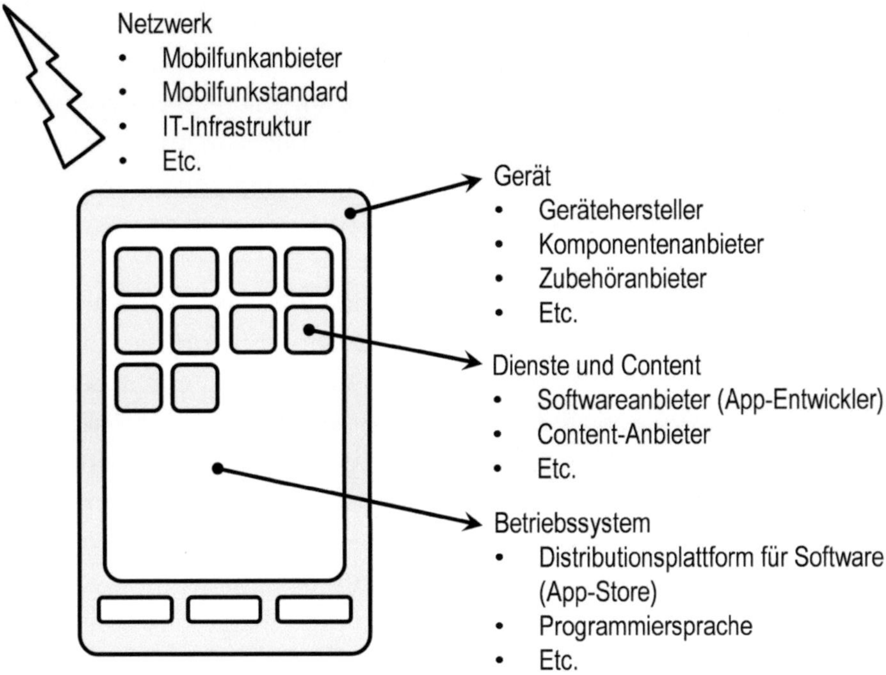

Abb. 1-3: Bestandteile des Eco-Systems Mobile Business, dargestellt am Beispiel eines Smartphone

Zur Vertiefung des Themas Mobile Business Eco-System empfehlen wir die Artikel von [Basole & Karla 2011] und [Basole 2009]. Sie zeigen insbesondere den Netzwerkcharakter und betrachten die geschichtliche Entwicklung mit konkretem Bezug auf einzelne Unternehmen. Wie tief die Verflechtung in diesem Eco-System ist, zeigt der folgende Exkurs.

▶ **EXKURS: HOCHWASSER IN THAILAND**

Im September und Oktober 2011 haben schwere Niederschläge in Thailand zu großen Schäden, unter anderem auch bei Industrieanlagen, geführt. Diese Schäden haben lange Produktionsausfälle verursacht, wie bspw. bei der Herstellung von Festplatten (HDD). Schätzungen gehen davon aus, dass zwischen 50 und 70% des weltweiten Produktionsvolumens von Festplatten in Thailand ansässig ist. Die Überschwemmungen in Thailand haben deshalb zu starken Auswirkungen auf das Angebot und damit auch den Preis von HDDs geführt. Beinahe die gesamte Computerproduktion war von diesem Ereignis betroffen und die Preise für HDDs sind kurzfristig zwischen 20 und 50% gestiegen. Auf etwa ein Jahr gesehen, waren Preisanstiege von 25% erkennbar. Zwar sind mobile Geräte nur bedingt von HDDs abhängig, jedoch hat der Produktionsausfall zu einer Nachfrageverlagerung auf Solide State Festplatten (SSDs) geführt, welche häufig in mobilen Geräten verbaut werden. Die Auswirkungen waren somit auch im Mobile-Sektor spürbar.

Quellen: Forbes.com, zdnet.de.

1.5 Geräteklassen

Wenn man über Mobile IT spricht, wird meist zuerst an die verschiedenen mobilen Geräteklassen, wie Smartphones, Media Tablets, aber auch Laptops, gedacht. Jüngere Endgeräte bieten eine intuitive und platzsparende Bedienung kombiniert mit größeren Anzeigen. Verschiedene Devices, nicht nur Smartphones, ermöglichen einen komfortablen, umfangreichen und ortsungebundenen Zugriff auf Webdienste und erweitern deren

Funktionsumfang oft sogar durch kontextbezogene Informationen, Foto-, Video- und Tonaufnahmen sowie Wiedergabefunktionen. Der Trend zum mobilen Internetzugriff hält stetig an. Die mehr als einmal jährlich aktualisierten Internet-Trenddaten von KPCB[1] stellten für China schon im 2. Quartal 2012 fest, dass die mobilen Internetzugriffe die stationären übertroffen haben [Meeker, 2012]. Diese Entwicklung kann als nachhaltige Verlagerung angesehen werden und hat weitgreifende Konsequenzen für die zukünftige Internetnutzung, den Funktionsumfang und die Möglichkeiten von Webdiensten.

Die Wahrnehmung, welche Geräte unter Mobile IT fallen und welche nicht, ist teilweise stark unterschiedlich. Wir empfehlen daher, in jedem Fachgespräch und bei jedem Projekt zuerst diesen Begriff zu klären, da ansonsten die Gefahr besteht, «aneinander vorbei zu reden». Grundsätzlich muss davon ausgegangen werden, dass bei Mobile IT an folgende Geräteklassen gedacht wird:

- Mobiltelefon: Auch wenn ihre Verbreitung abnimmt und die herkömmlichen Mobiltelefone mit ihrem eingeschränkten Funktionsumfang sukzessive von Smartphones verdrängt werden, ist das klassische Mobiltelefon für viele noch immer der Inbegriff von Mobile IT.
- Laptop-Computer: Auch der herkömmliche Laptop, mit einem Gewicht von drei Kilogramm und mehr, wird meist als Mobile IT wahrgenommen, auch wenn die Mobilität eingeschränkt ist. Es muss jedoch auch davon ausgegangen werden, dass mit dem Begriff Laptop auch neue Generationen wie Ultrabooks gemeint sein können, die wesentlich leichter und damit mobiler sind.
- Smartphones: Das Smartphone hat den Bereich der mobilen IT wesentlich geprägt und ist eine neue Geräteklasse, die die Funktionalität verschiedenster Geräte kombiniert. So sind moderne Smartphones mit

1 www.kpcb.com/insights

Kamera und GPS ausgerüstet und verfügen über eine hohe Rechenleistung, die auch leistungsfähige Anwendungen ermöglichen.

- Media Tablets: Im Gegensatz zu herkömmlichen Tablet-Computern, die meist auf Desktop-Betriebssystemen basieren und über die Stifteingabe bedient werden, sind Media Tablets, wie das Apple iPad, am Markt sehr erfolgreich. Media Tablets sind sehr handliche Tablets, die über eine Touch-Eingabe bedient werden und ein auf diese Eingabeform zugeschnittenes Betriebssystem verwenden. Verglichen mit ihren Vorgängern sind Media Tablets deutlich mobiler, einfacher zu bedienen und besonders für Unterhaltungsmedien geeignet.
- Phablets, Smartwatches, Datenbrillen u.a.: Darüber hinaus werden kontinuierlich weitere Geräteformen entwickelt. Ein Beispiel dafür sind die sogenannten Phablets, d.h. Geräte, die Smartphone- und Tablet-Charakteristika in sich vereinen, oder Smartwatches, die wie eine Uhr am Arm getragen werden, und die Datenbrillen wie die von Google. Es wird von Wearables, Driveables und Flyables gesprochen [Meeker, 2013].

Eine verbreitete Definition, um Mobile IT von nicht-mobiler IT zu unterscheiden, ist jene von [Kristoffersen & Ljungberg 1999]. Diese Definition stellt auf den Mobilitätsfaktor ab und unterscheidet zwischen Geräten, die

- auch bei körperlicher Bewegung, wie bspw. Smartphones oder Media Tablets,
- beim Reisen, bspw. im Zug, oder
- nur ortsgebunden, z.B. an einem Schreibtisch,

verwendet werden können.

Im Folgenden werden wir die Geräteklassen Smartphone und Media Tablet genauer betrachten. Der Begriff Smartphone ist eine Bezeichnung aus dem Marketing, welcher jedoch mittlerweile in vielen Bereichen weitgehend übernommen wurde und eine Kombination aus Mobiltelefon, PDA (Personal Digital Assistant) und weiteren Geräten (bspw. Foto- und Videokamera) darstellt. Der Begriff wird meist mit modernen Mobiltelefonen, die eine Multi-Touch-Eingabe erlauben (wie iPhones, Android- oder Windows Phone-Geräte), assoziiert. Generell fallen allerdings auch andere Geräte unter diese Bezeichnung wie Blackberry- oder Nokia Symbian-Smartphones. Wir folgen in diesem Beitrag der Definition von [Pitt et al. 2010] und definieren Smartphones wie folgt: Das Smartphone erweitert herkömmliche Mobiltelefone mindestens durch die folgenden vier Eigenschaften:

1. Multimediale Einsatzmöglichkeiten: Zur Wiedergabe besitzen Smartphones eine hochauflösende und brillante Anzeige in Kombination mit einer Tonwiedergabe per integrierten Lautsprechern oder Kopfhörern. Damit wird es dem Anwender möglich, Fotos und Videos in hoher Qualität jederzeit wiederzugeben bzw. über die integrierte leistungsstarke Datenverbindung kaufen und beziehen zu können. Als Aufnahmegerät bieten Smartphones die Möglichkeit, über die integrierte Kamera und das Mikrofon Videos und Fotos aufzunehmen. Diese können dank des leistungsfähigen Prozessors direkt am Gerät bearbeitet und über die Datenverbindung an Webdienste weitergegeben werden.
2. Beschleunigungs- und Lagesensoren: Durch diese Sensoren (bspw. ein Gyroskop) kann das Gerät Bewegung und seine aktuelle Lage (wird es beispielsweise im Hochformat oder Querformat gehalten) erkennen und darauf entsprechend reagieren.
3. Ortungsfähigkeit (GPS): Über das integrierte GPS-Modul werden eine sehr präzise Ortung und damit bspw. Navigationsanwendungen möglich. Technisch bereits umsetzbar, aber noch wenig verbreitet, ist die Indoor-Ortung für die Navigation in Gebäuden. Die Indoor-Ortung wird bspw. über die Triangulation von WLAN-Hotspots realisiert.

4. App-Economy bzw. App Stores: Smartphones besitzen Anwendungen, über welche die Benutzer zentral Apps kaufen und beziehen können. So können Drittanbieter ihre Software an eine breite Kundschaft vermarkten.

Neben diesen Eigenschaften besitzen Smartphones meist auch Zugriff auf personenbezogene Daten wie Terminkalender und Kontaktinformationen. Erlauben diese Eigenschaften bereits einzeln die Umsetzung von sehr neuartigen Anwendungen, ergibt die Kombination ein noch höheres Gestaltungspotenzial. So können durch die Kombination aller genannten Eigenschaften bspw. Augmented Reality Apps oder Apps mit kontextbezogenen Informationen umgesetzt werden.

Generell sind Smartphones und Media Tablets von ihren Eigenschaften ausgehend sehr ähnlich, bilden aber dennoch jeweils eigenständige und sich voneinander unterscheidende Geräteklassen. Mit dem Begriff Media Tablet werden Tablet Computer wie das iPad bezeichnet, welche ebenfalls die vier oben genannten Eigenschaften aufweisen, die Steuerung per Multi-Touch-Eingabe erlauben und über eine entsprechend große Anzeige (ab 7 Zoll) verfügen. Dass Media Tablets nicht als Substitut, sondern eher als Ergänzung zu bestehenden Geräteklassen betrachtet werden müssen, zeigt eine Studie von Gartner zum Computernutzungsverhalten von mit bzw. ohne Media Tablet ausgerüstetem Sales-Personal. Die Studie stellt fest, dass die Gesamtzeit an Computernutzung (Smartphone, Laptop und Media Tablet; vgl. dazu Abb. 1-4) steigt und die Arbeitszeit je Zugriff bei Laptops länger bzw. weniger oft unterbrochen und somit kontinuierlicher wird (vgl. [Nelson & Willis, 2011]). Die einzelne Nutzungszeit je Geräteklasse nimmt durch die zusätzliche Ausrüstung mit Media Tablets kaum ab. Die Ergebnisse zeigen somit, dass Media Tablets als eigenständige Geräteklasse betrachtet werden müssen und offensichtlich für bestimmte Anwendungen von Benutzern bevorzugt werden.

Gründe dafür werden in der schnellen Zugriffszeit («instant on»), der vertrauten Form, der intuitiven und für die Zusammenarbeit bzw. das Erklären am Bildschirm gut geeignete Eingabeart (Multi-Touch-Eingabe) gesehen. Besonders bei Anwendungen im Verkauf oder im Gespräch mit mehreren Personen wird über positive Effekte berichtet.

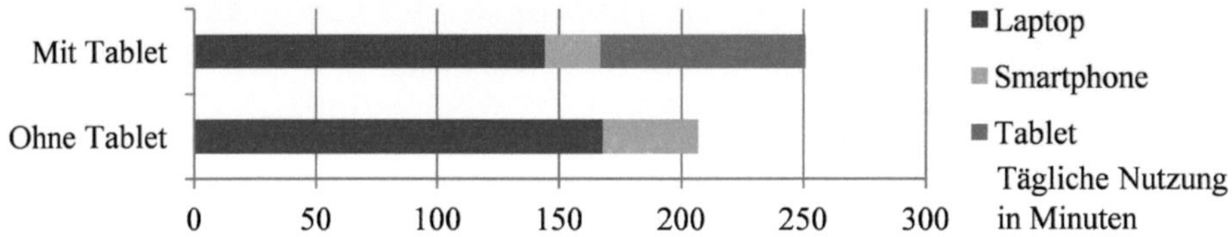

Abb. 1-4: Computernutzungsverhalten von Sales-Personal mit bzw. ohne Media Tablet in Stunden pro Arbeitstag (vgl. [Nelson & Willis, 2011])

1.6 Second Generation Enterprise Mobility

Der reine Mobilitätsfaktor ist jedoch längst nicht mehr ausreichend, um Mobile IT zu charakterisieren. Mit dem Aufkommen von Smartphones und Media Tablets haben sich weit grundlegendere Veränderungen ergeben als der Mobilitätsaspekt abdeckt. Damit verbunden sind Änderungen, die alle Ebenen digitaler Technologie betreffen. Um dies zu veranschaulichen, verwenden wir das Modell digitaler Technologie nach Yoo et al. (2010). Dieses Modell unterteilt digitale Technologie in die vier Ebenen Content, Dienst, Netzwerk und Gerät, wie in Abb. 1-5 illustriert.

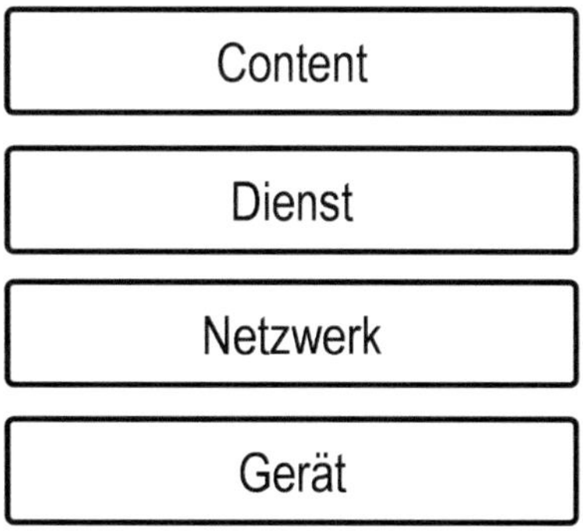

Abb. 1-5: Ebenen digitaler Technologie [Yoo et al., 2010]

Bezogen auf die Content-Ebene kann festgestellt werden, dass mit Mobile IT mehr multimediale Inhalte als je zuvor aufgenommen und abgespielt werden können. Zahlen wie über eine Milliarde mobile YouTube Videoabrufe pro Tag [YouTube, 2013] oder die Tatsache, dass Apple zum Nummer eins Musik-Händler in den USA wurde und Wal-Mart [Galante, 2010] übertroffen hat, bringen die Bedeutung von Mobile IT zum Ausdruck.

Auch die Anzahl an Diensten hat zugenommen und manifestiert sich in der weiten Palette an verschiedenen Apps. Laufend aktuelle Statistiken zu verschiedensten Marktdaten findet man auf Websites wie Mobithinking[2]. Dort erfährt man, dass Stand 2013 allein Apple App Store und Google Play, die derzeit zwei größten Appstores, je 800.000 Apps anbieten, und es wird eine Studie von ABI Research 2013 zitiert, die 200 Milliarden App Downloads für 2017 prognostiziert.

Auch auf der Netzwerkschicht sind erhebliche Verbesserungen evident. Neben der immer weiter steigenden Netzabdeckung nehmen auch die Übertragungsgeschwindigkeiten zu und die Preise für entsprechen-

2 http://mobithinking.com/mobile-marketing-tools/latest-mobile-stats

de Mobilfunkverträge werden laufend günstiger. Zusätzlich hat die verbesserte Netzabdeckung dazu beitragen, dass gerade in den Emerging Markets die Technologisierung zunimmt und weitere Teile der Bevölkerung Zugriff auf das Internet erhalten. Mobile IT trägt somit direkt zur Erschließung neuer Märkte für Unternehmen bei. So berichtet die International Telecommunication Union laufend[3] über die Entwicklung der Breitbandanschlüsse; sie nähern sich Stand 2013 mit fast sieben Milliarden der Weltbevölkerungszahl [ITU, 2013].

Und natürlich hat es auch auf der Geräte-Ebene starke Veränderungen gegeben. Neben einer weiter zunehmenden Rechenleistung und Miniaturisierung von Computern werden auch längere Akkulaufzeiten erreicht und Bedienungsmethoden weiterentwickelt. In Bezug auf die Bedienung von Computern ist die Touch-Steuerung eine der markantesten Innovationen und wurde von Smartphones und Media Tablets vorangetrieben und etabliert. Weitere Entwicklungen, wie bspw. die Integration von Computern in Brillen, eine ausgereiftere Sprachsteuerung oder die Steuerung von Computern durch Körperbewegungen, sind genauso absehbar wie die laufend fallenden Preise für mobile Geräte.

Fast alle der oben genannten Innovationen sind stark vom Konsumgütermarkt getrieben und haben zu einer Situation beigetragen, in welcher Hardware und Software für den privaten Gebrauch jenen für den betrieblichen Einsatz in vielen Aspekten überlegen sind. Dieses Phänomen, dass IT-Innovationen zuerst im Konsumgütermarkt kommerzialisiert werden und anschließend zeitversetzt für den betrieblichen Einsatz adaptiert werden, wird als «Consumerization of IT» oder nur «Consumerization» bezeichnet. Diese Diskrepanz zwischen IT, die beruflich oder privat verwendet wird, hat direkte Auswirkungen auf die Erwartungen und damit auch auf die Zufriedenheit von Mitarbeitenden mit ihrer beruflichen IT.

3 www.itu.int/en/ITU-D/Statistics/Pages/stat/default.aspx

Eine weltweit durchgeführte und für alle Branchen repräsentative Studie von Accenture [Harris et al., 2012] hat einige Zahlen dazu erhoben. So verwenden im Durchschnitt 52% der Mitarbeitenden private Smartphones oder Tablets für Aufgaben, die die Arbeit betreffen. Unternehmensdaten werden dabei auf privaten Geräten verwendet, und so geben 22% an, dass sie auch kurz vor dem Schlafengehen nochmals - auf dem privaten Gerät - ihre beruflichen E-Mails checken. Aber auch andere Firmendaten, wie Excel-Tabellen, Protokolle oder Präsentationen, werden von 14% auf privaten Geräten und außerhalb der Arbeitszeit eingesehen oder bearbeitet. Der Arbeitgeber scheint bei dieser Entwicklung relativ machtlos zu sein, da 36% angeben, sich nicht darum zu kümmern, was die Unternehmens-IT vorgibt. Sie nehmen die Software und die Hardware, die ihnen passt. Angesichts der Aussage von 45% der Befragten, dass die Hardware und Software, die sie privat verwenden, nützlicher ist als jene, die sie vom Unternehmen erhalten, ist dieser Zustand auch nachvollziehbar. So sagen etwa 50% der Mitarbeitenden, dass sie innovativer, produktiver und zufriedener wären, wenn sie die Hard- und Software, die sie für die Arbeit verwenden, selbst auswählen dürften.

Damit ergeben sich zumindest zwei Spannungsfelder in Unternehmen.

- Erwartungen an die Unternehmens-IT: Mobile IT ist sehr verbreitet und wird von fast allen Mitarbeitenden zumindest privat verwendet. Die Erfahrungen mit diesen Konsumentengeräten begründen die Erwartungen bzw. setzen auch den Maßstab für die Unternehmens-IT. Dieser Effekt, dass die Erfahrungen aus dem privaten Bereich die Erwartungen im beruflichen Umfeld beeinflussen, wird Spill-over-Effekt genannt. In diesem Zusammenhang kann auch die Expectations-Confirmation-Theory genannt werden, die besagt, dass wenn Erwartungen nicht erfüllt werden, die Zufriedenheit stark abnimmt. Die Erfahrungen mit privater IT sind daher der neue Referenzpunkt für Unternehmens-IT und haben somit einen direkten Einfluss auf Erfolgsgrößen, wie bspw. die Mitarbeiterzufriedenheit.

- Überlastung von Mitarbeitenden: Der erweiterte Funktionsumfang von Mobile IT hat dazu beigetragen, dass betriebliche Daten und Aufgaben oft auf privaten Geräten abgelegt bzw. vorgenommen werden. Hier ergeben sich zum einen Probleme bezüglich der Trennung von Privat- und Arbeitssphäre – wann bzw. zu welcher Tageszeit kann erwartet werden, dass ein Kollege antwortet. Zum anderen stellen sich rechtliche Fragen, z.B.: Was passiert, wenn Firmendaten auf einem privaten Gerät verloren gehen?

Die Problematik der Abgrenzung von Privat- und Arbeitssphäre spielt im Bereich der IS-Strategie allerdings zum aktuellen Zeitpunkt noch eine untergeordnete Rolle oder wird überhaupt nicht beachtet. Es kann allerdings davon ausgegangen werden, dass dieser Aspekt zunehmend an Bedeutung gewinnen wird, wie erste Beispiele aus der Praxis belegen. So hat Volkswagen bereits eine Regelung, nach welcher geschäftliche E-Mails nicht nach 18 Uhr an Mitarbeitende weitergeleitet werden dürfen. Die E-Mail-Server sind in diesem Zeitraum praktisch deaktiviert [BBC Technology News, 2011]. Erste Forschungsergebnisse [Ayyagari et al., 2011] bekräftigen diese Maßnahme und haben empirisch belegt, dass intrusive bzw. «aufdringliche» Technologien Stresserscheinungen durch einen wahrgenommenen Arbeit-Freizeit-Konflikt, Eingriff in die Privatsphäre, Work-Overload oder Rollenunklarheit verstärken. Da IS-Strategien auch Faktoren wie Mitarbeiterzufriedenheit und Produktivität als Erfolgsgrößen einbeziehen, ergibt sich hier ein direkter Zusammenhang.

Aktuell mehr Aufmerksamkeit wird der Integration von Konsumenten-IT in das betriebliche IT-Umfeld zugemessen. In diesem Zusammenhang haben [Harris et al., 2012] erhoben, welche Strategien Unternehmen in Bezug auf Konsumenten-IT verfolgen.

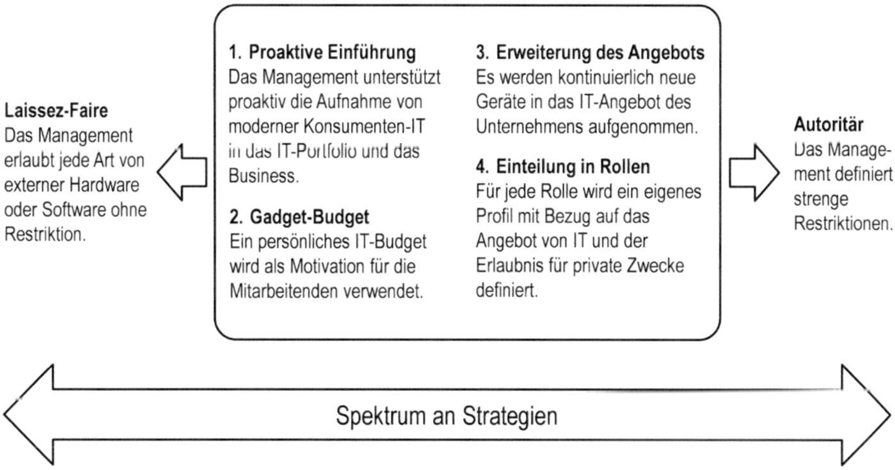

Abb. 1-6: Spektrum der Strategien, wie Unternehmen auf Konsumenten-IT reagieren. Adaptiert von [Harris et al., 2012]

Generell ergeben sich dabei zwei Extrempunkte: die Laissez-Faire-Strategie und die autoritäre. Bei der autoritären Strategie liegen genaue Restriktionen vor und nur vom Unternehmen bereit gestellte Geräte sind erlaubt. Alle anderen Geräte sind verboten. Im Gegensatz dazu sind bei der Laissez-Faire-Strategie keine Restriktionen definiert und es kann jede Art von Hardware oder Software verwendet werden. Zwischen den Extrempunkten haben sich noch weitere Strategien etabliert, die Ansätze wie das Unterteilen nach Rollen, Definieren von Budgets für «Gadgets», Erweitern des bestehenden Angebots an Unternehmens-IT oder die proaktive Einführung von Konsumenten-IT umfassen. Abb. 1-6 zeigt das von [Harris et al., 2012] beschriebene Spektrum von Strategien.

Wie an diesen Strategien auch erkennbar ist, nimmt die Consumerization of IT je nach Perspektive eine unterschiedliche Ausprägung an [Harris et al., 2012]. Generell deckt der Begriff allerdings alle Ausprägungen ab:

1. Aus der Perspektive von Mitarbeitenden ist die Consumerization of IT die Verwendung von privater IT für berufliche Zwecke. Dabei fallen sowohl Hardware als auch Software unter den Begriff Consumerization. Gleich ob es sich um ein iPhone oder etwa die Software Dropbox handelt, die berufliche Nutzung wird in beiden Varianten unter diesem Begriff zusammengefasst.
2. Aus der Unternehmensperspektive bezeichnet Consumerization Software und Hardware, die nicht vom Unternehmen genehmigt bzw. kontrolliert werden, aber dennoch von Mitarbeitenden für Unternehmensaufgaben verwendet werden. Für diese Perspektive ist im deutschsprachigen Raum auch der Begriff «Schatten-IT» gebräuchlich.
3. Die dritte Perspektive ist die Marktperspektive. Hier umfasst die Consumerization of IT all jene Hardware- und Software-Produkte, die für den Konsumentenmarkt entwickelt werden und daher nicht spezifisch für den Einsatz im Unternehmen vorbereitet sind. Da diese Geräte und Anwendungen oft der Unternehmens-IT überlegen sind, ergibt sich hier auch die Herausforderung der Integration solcher Geräte in das IT-Portfolio von Unternehmen. Beispiele sind der Einsatz von iPads zur Unterstützung in der Finanzberatung[4] oder im Verkauf[5] oder von Smartphone Apps für Lichttechnik und Elektriker[6]. Schon seit längerem sind sich viele IT-Berater [Akella et al., 2012], Marktanalysten [Willis, 2011; Frost & Sullivan, 2011], Software- [Sybase Inc., 2011] und Hardwareanbieter [Apple Inc., 2011], IT Magazine [Kontzer, 2012] und Akademiker [Pitt et al., 2011] einig, dass Konsumenten-IT großes Potenzial hat, betrieblichen Mehrwert zu schaffen.

4 www.youtube.com/watch?v=rT5o04NLMj8
5 www.youtube.com/watch?v=gnID_y38fjg
6 www. /i-magazin.at/kataloge/fuer-fachleute/ein-app-fueras-web.html

Zwei wichtige Geräteklassen im Bereich Mobile IT fallen genau in diese dritte Perspektive: Smartphones und Media Tablets. Beide sind primär für den Konsumentenmarkt und nicht für den betrieblichen Einsatz entwickelt worden und dennoch sind diese Geräte sehr attraktiv für Unternehmen und bieten eine Reihe von Vorteilen, die immer häufiger von diesen genutzt werden. Die Herausforderungen liegen zum einen auf der technischen Seite - wie können solche Geräte in die Unternehmens-IT integriert werden - und zum anderen auf der Business-Seite - wie können diese Geräte einen Mehrwert für Unternehmen und Kunden schaffen? Grundsätzlich repräsentieren diese Geräte auch eine neue Generation von Mobile IT. Im Unternehmenskontext nennen wir diese Geräte Second Generation Enterprise Mobility (SGEM). SGEM lässt sich über die folgenden drei Eigenschaften charakterisieren:

1. Intuitiv: SGEM ist im Gegensatz zu anderer IT sehr intuitiv. Durch die berührungssensitive Bedienung (Touch-Bedienung) und eine klare Menüführung verschwinden Barrieren in der Computernutzung und die Verwendung dieser Geräte ist auch ohne aufwändige Trainings möglich. Dabei trägt auch der Formfaktor dazu bei, dass diese Geräte sehr gut in Situationen verwendet werden können, wo andere Geräte zuvor als störend empfunden wurden. So haben bspw. viele Unternehmen Richtlinien, die es Verkaufsmitarbeitenden oder Beratern untersagen, Laptop-Computer in Gesprächen mit Kunden zu verwenden. Der Grund liegt darin, dass der Laptop eine psychologische Barriere zwischen Gesprächsbeteiligten errichtet und viel Aufmerksamkeit auf sich zieht. Im Gegensatz dazu ist SGEM, wie bspw. ein Media Tablet, gut geeignet, um in Gesprächssituationen verwendet zu werden.
2. Verbreitung: SGEM ist sehr portabel und weit verbreitet. Damit ist SGEM zeit- und ortunabhängig verwendbar und ein immer größer werdender Anteil der Bevölkerung ist ständig erreichbar. Das führt zum einen zu einer besseren Erreichbarkeit und Vernetzung, aber

auch zur digitalen Erschließung neuer Personenkreise, wie bspw. in den Emerging Markets.
3. Kontextbezug: SGEM ist mit einer Reihe von Sensoren ausgestattet, die es dem Gerät erlauben, auf die Umgebung zu reagieren. Durch Sensoren zur Ortsbestimmung können bspw. Aktionen je nach Standort ausgelöst werden. SGEM erlaubt damit intelligente und proaktive Anwendungen. In diesem Zusammenhang wird auch vom Ubiquitous Computing gesprochen.

In diesem Buch nehmen wir besonders Bezug auf die Anwendung von SGEM im Unternehmenskontext, für welche wir den Begriff Mobile Business verwenden.

1.7 Nutzung von Mobile IT in Unternehmen

Verschiedenste wissenschaftliche Arbeiten haben untersucht und evaluiert, in welchen Bereichen von Organisationen Mobile IT Vorteile bringt [Barnes, 2004; Kadyte, 2004; Basole, 2005; Sheng et al., 2005; Walker & Barnes, 2005; Scornavacca & Barnes, 2008; Sørensen, 2011]. Die Arbeiten kommen zu dem einheitlichen Schluss, dass Mobile IT potenziell in allen Bereichen der Value Chain Vorteile bringen kann. Unternehmen sollten daher versuchen, das Potenzial Mobile IT in allen Bereichen ihrer Value Chain auch zu nutzen. Um zu erheben, welchen Einfluss Mobile IT tatsächlich in Unternehmen spielt, haben wir in einer Umfrage im Sommer 2012 den Einfluss von Mobile IT in den verschiedenen Bereichen der Value Chain erhoben.

Um die Untersuchung zu strukturieren, wurden sechs Bereiche in Anlehnung an Porter's Value Chain definiert und ausgewertet. Es wurde jeweils nach dem positiven Einfluss von Mobile IT auf den jeweiligen Bereich gefragt.

- Planung und Strategie: Dieser Bereich beinhaltet Aspekte wie die interne Kommunikation und Koordination, strategische Planung, Gestaltung von neuen Organisationsformen, Entscheidungsfindung und die Verschlankung von Geschäftsprozessen.
- Produktentwicklung und Innovation: In diesem Bereich fallen Aspekte wie die Arbeiten bei der Markteinführung neuer Produkte, die Verbesserung der Produkt- und Servicequalität oder generell Innovationen im Angebot (Produkt- und Serviceinnovation).
- Marketing und Produktkommunikation: Hier werden typische Marketing-Aspekte wie das Erkennen von Markttrends und Kundenwünschen oder das Einführen von Sales-Maßnahmen, Erstellen von Verkaufsprognosen und Aufzeichnen von Marktreaktionen zusammengefasst.
- Lieferantenbeziehung: Dieser Bereich beinhaltet typische Aspekte des Supply-Chain-Managements und der Inbound-Logistik, wie das Verbessern von Lieferzeiten und Beziehungen mit Lieferanten, das Monitoring der Lieferantenqualität, elektronische Transaktionen und generell die Möglichkeit, Einfluss auf Lieferanten zu nehmen.
- Produktion: In der Produktion sind Aspekte relevant wie das Steigern von Produktionsvolumen, Flexibilität, Nutzung von Equipment bzw. die generelle Steigerung der Produktivität und die Möglichkeit, kundenspezifische Anpassungen am Produkt vorzunehmen.
- Kundenbeziehung: Relevante Aspekte für die Kundenbeziehung sind die Qualität des Kundendienstes, der Kaufberatung und der Distribution des Angebots, die Reaktionszeit bei Kundenanfragen und die Fähigkeit des Unternehmens zur Kundengewinnung und -bindung.

Abb. 1-7 illustriert die Value Chain und den Einfluss von Mobile IT auf die jeweiligen Bereiche. Das Ergebnis für die einzelnen Bereiche ist in Form des Mittelwerts der entsprechenden Fragen abgebildet und in Klammern in der Grafik (Abb. 1-7) angegeben. Die Skala ist von 1 «sehr gering» bis 5 «sehr hoch» zu lesen. Für die Erhebung wurden 5-Punkt Likert-skalierte Fragen verwendet [Tallon et al., 2000]. Der Fragebogen wurde über soziale Netzwerke (Xing und LinkedIn) an 640 CIOs und Executives von Unternehmen mit mehr als 50 Mitarbeitenden im deutschsprachigen Raum versandt. Nach einer Laufzeit von drei Monaten konnten wir 101 komplette und gültige Datensätze auswerten. In der Auswertung sind Unternehmen aus den Branchen Industrie und Produktion (35%), Dienstleistungen (15%), Administration und Verwaltung (8%), Gesundheit (6%), Medien und Publikation (5%), Technologie und Softwareentwicklung (4%), Lehre (4%) und weitere (23%) enthalten. Die Antworten wurden von CIOs (70%), CEOs (13%) oder Managern (17%) gegeben.

Die Ergebnisse zeigen, dass zum Stand 2012 der Einfluss von Mobile IT als moderat zu bewerten ist. In keinem Bereich konnte ein hoher Einfluss (über 4.0) festgestellt werden.

Die höchste Relevanz besitzt Mobile IT in den Bereichen «Planung und Strategie» sowie «Produktion» und «Kundenbeziehung». Dabei sind «Planung und Strategie» ebenso wie «Produktion» die klassischen Einsatzfelder von Mobile IT. In der Produktion sind industrielle Handhelds seit Jahren im Einsatz und bilden einen wichtigen Bestandteil vieler ausführender Prozesse. Eine Veränderung ist allerdings auch in diesem Bereich festzustellen, da viele der im Einsatz befindlichen Geräte ausgetauscht bzw. ersetzt werden. Die Eigenschaften von SGEM sind auch hier von Vorteil und tragen dazu bei, dass Mobile IT einen zunehmenden Einfluss hat.

In der Planung und Strategie schlägt sich nieder, dass Mobile IT zentral für die Verbesserung der internen Kommunikation ist. Dabei ist Mobile

IT in vielen Unternehmen die zentrale Kommunikationstechnologie, egal ob es um das mobile Abrufen von E-Mails oder um das Telefonieren geht. Für die CIOs aktuelle Themen sind hier vor allem die Umsetzung von neuen Geräteportfolios und Strategien wie das «Bring Your Own Device» (BYOD).

Zusätzlich zu diesen klassischen Bereichen erlebt Mobile IT ebenfalls einen Aufschwung im Bereich der Kundenbeziehungen. Durch die hohe Verbreitung von Smartphones und Tablets können Unternehmen Apps dazu nutzen, einen weiteren Kommunikationskanal mit ihren Kunden zu öffnen. Die zusätzlichen Informationen, die über einen solchen Kanal gewonnen werden können, werden allerdings im Marketing noch kaum verwendet. Dieser Bereich weist zwar eine hohe Dynamik auf, die volle Ausschöpfung des Potenzials von Mobile IT ist jedoch noch nicht erreicht. Auch die Unterstützung von Sales-Mitarbeitenden durch Mobile IT ist generell noch als gering einzuschätzen.

Teilweise Fuß fassen konnte Mobile IT im Bereich Produktentwicklung und Innovation. Die Tendenz, dass Mobile IT zur Verbesserung von bestehenden Produkten genutzt wird (bspw. in der Autoindustrie durch die Integration von Apps und Smartphones in das Multimedia-System) ist erkennbar. Hier ist den nächsten Jahren eine starke Entwicklungsdynamik zu erwarten und vermehrt mit Innovation zu rechnen.

Überraschend ist es hingegen, dass Mobile IT im Bereich der Lieferantenbeziehungen noch eine untergeordnete Rolle spielt. Es kann allerdings davon ausgegangen werden, dass auch hier vermehrt mit Innovation zu rechnen ist. So können Unternehmen bspw. Apps ausgeben, die Fahrern von Speditionen bspw. Informationen zum entsprechenden Anlieferungstor zeitnah zur Verfügung stellen.

Festhalten können wir, dass Mobile Business in allen Bereichen eine Rolle spielt, jedoch das Anwendungsspektrum unterschiedliche Reifegrade aufweist.

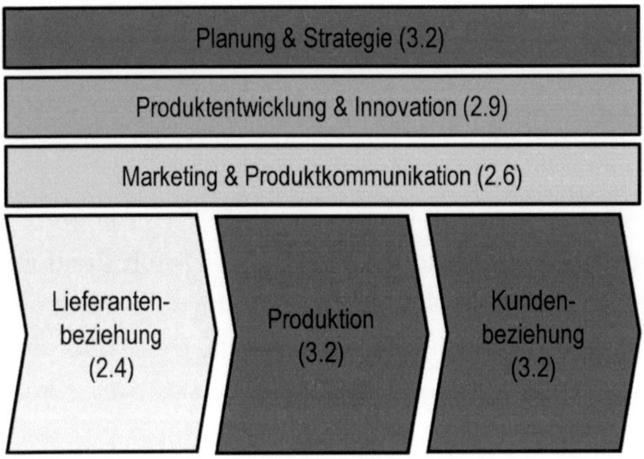

Das Ergebnis für die einzelnen Bereiche ist in Form des Mittelwerts (in Klammern) der entsprechenden Fragen abgebildet.

Abb. 1-7: Einfluss von Mobile IT auf die Value Chain von Unternehmen

In den folgenden Kapiteln werden wir das Thema Mobile Business nach dem BE-Modell gegliedert behandeln. Zu beachten ist dabei, dass jede Ebene des BE-Modells die gesamte Value Chain des Unternehmens betrifft: Alle Teilbereiche des Unternehmens werden jeweils auf den Ebenen des BE-Modells betrachtet.

1.8 Auswirkungen auf das Web und Ausblick

Wie in vielen Bereichen gehört auch im Mobile Business die Internetbranche zu den führenden Innovatoren. Um aufzuzeigen, welches Potenzial Mobile Business hat, werden wir im Folgenden auf Anwendungsbeispiele aus dem Web-Umfeld eingehen. Ob Wikipedia, Twitter, Facebook, Slideshare, YouTube oder Google, beinahe alle bekannten Web-2.0-Dienste bieten mittlerweile einen für mobile Geräte optimierten Zugang an. Meist werden native Apps und optimierte Webseiten parallel verwendet, um eine möglichst hohe Reichweite und Kompatibilität mit mobilen Geräten zu erreichen. Dieser Aufwand zeigt bereits, wie wichtig mobile Nutzer für die etablierten Web-Dienste sind. So konnte Facebook Mitte 2013 auf rund 820 Millionen mobile Nutzer verweisen[7] und in USA waren es schon fast 80% aller Beniutzer von Facebook, die von mobilen Geräten aus zugreifen[8]. Im Folgenden werden exemplarisch einige Anwendungsfälle beschrieben, bei welchen der Funktionsumfang durch mobile-spezifische Eigenschaften erweitert wurde.

1.8.1 Wiki Talking Tours

Wiki Talking Tours (WTT)[9] ist ein Beispiel für ein Mash-Up, welches erst durch den mobilen Einsatz ermöglicht wurde. WTT benutzt die Ortungsfunktion und Möglichkeit zur automatischen Sprachausgabe von Text, die von modernen Smartphones angeboten wird, und kombiniert dies mit Wikipedia-Einträgen. Da Wikipedia-Einträge, bspw. von Gebäuden oder wichtigen Orten, mit einer Position in der realen Welt verbunden werden können, nutzt WTT diese Positionsangaben, um je nach aktuellem Aufenthaltsort einen entsprechenden Audio Guide zu erstellen. Bei einem Spaziergang durch die Stadt liest diese App dem Anwender passend zu seinem Aufenthaltsort die relevanten Wikipedia-Einträge vor.

1.8.2 News-Aggregator Flipboard

Die Kombination aus einer angenehmen Anzeige- bzw. Gerätegröße und der Multi-Touch-Eingabe hat News-Aggregatoren als Ersatz für die täg-

7 http://bit.ly/liledZo
8 http://techcrunch.com/2013/08/13/facebook-mobile-user-count/
9 http://bit.ly/16BphjW

liche Zeitung einen neuen Aufschwung verliehen und zu sehr beliebten Apps wie Flipboard geführt. Flipboard ist für das iPad entwickelt und fasst verschiedene RSS-, aber auch Activity-Streams aus Twitter, Facebook, Flickr, YouTube usw. zusammen, um sie wie eine individuell zusammengestellte illustrierte Zeitung mit Multi-Media-Unterstützung aufzubereiten. Mit einer einfachen Handbewegung kann durch die letzten Nachrichten aus sämtlichen Kanälen geblättert, interessante Beiträge markiert oder weitergeleitet und Videos direkt abgespielt werden. Jeder Anwender erhält damit eine Zusammenfassung der für ihn interessanten Informationen in einer hochwertig aufbereiteten Form. Die Vorteile gegenüber herkömmlichen Magazinen und Tageszeitungen sind klar und die Implikationen für die Herausgeber bereits spürbar. Gerade für Verleger sind damit auch weiterhin in Zukunft weitgehende Veränderungen absehbar.

1.8.3 My Handicap App und Boston CitizensConnect

Viele spezielle Informationen wie Details über behindertengerechten Zugang zu Gebäuden, Schlaglöcher auf öffentlichen Strassen, die ausgebessert oder Graffitis, die entfernt werden müssen, können effizient und zeitnah per Crowdsourcing-Ansatz aufgenommen und registriert werden, ohne damit einen großen Aufwand für einzelne zu erzeugen. Gerade mobile Crowdsourcing-Apps sind dafür gut geeignet, denn die Endgeräte zur Aufnahme der Information sind immer dabei und können einige wichtige Informationen bereits über Sensoren erfassen (wie bspw. die Position) und um aussagekräftige Fotos ergänzt werden. So hilft die App von My Handicap, Personen mit Beeinträchtigung detaillierte Informationen und Fotos über behindertengerechte Zugänge zu Gebäuden zu erfassen und diese öffentlich zu teilen. Es entsteht eine umfangreiche Datenbank, auf welche die Nutzer jederzeit über die App zugreifen können.

Der Alltag für beeinträchtigte Personen kann dadurch stark vereinfacht werden. Ein weiteres Beispiel ist die App Boston CitizensConnect, welche es erlaubt, Anfragen, z.B. zur Ausbesserung von Schlaglöchern und Ähnlichem, an die Stadtverwaltung zu melden – direkt vom Mobiltelefon, automatisch mit GPS-Ortsangabe und Foto im Anhang. Die Anfrage wird ebenfalls durch die automatisch aufgenommene Positionsangabe an die richtige Abteilung bzw. die für den jeweiligen Bezirk oder Straße zuständige Organisationseinheit weitergeleitet. Sowohl die Effizienzsteigerung auf der Seite der Stadtverwaltung wie auch der Mehrwert für die Kunden, also die Bewohner der Stadt, sind offensichtlich.

1.8.4 Twitter als mobile App

Besonders der Microblogging-Dienst Twitter hat in den letzten Jahren eine Ausrichtung auf mobile Anwendungen forciert. Mittels Twitter und den dort verwendeten Hash-Tags ist es einer losen Gruppe von Menschen möglich, Diskussionen oder weitere Information zu einem gerade stattfindenden Ereignis zu führen bzw. zu teilen. Twitter ist daher bei Grossveranstaltungen oder Konferenzen sehr beliebt; es kann somit ein zweiter Kommunikationskanal für Interessierte etabliert werden. Dies wird durch die kurze Form der Nachrichten sowie den mobilen und damit beinahe allgegenwärtigen Zugriff auf Twitter ermöglicht. Als neue Erweiterung ist es mittlerweile ebenfalls möglich, Tweets automatisch mit seiner aktuellen Position versehen zu lassen. Damit können Tweets zu einem Thema ebenfalls über den Ortsbezug gefunden werden. Ein weiterer Vorteil von Twitter, das sehr zeitnahe Kommunizieren (Kommunikation in Real-Time), wird ebenfalls durch den mobilen Zugriff gefördert. Unerwartete Ereignisse oder Katastrophen werden oft direkt von den Betroffenen per Twitter kommuniziert. Eine Erweiterung der Twitter-App macht es möglich, Fotos, die bspw. mit dem Smartphone gerade aufgenommen wurden, direkt an Tweets anzuhängen. Ein Beispiel dafür ist der Absturz eines Airbus im Hudson-River nach dem Start in New York. Über den Zwischenfall wurde als erstes – sogar mit Foto – über Twitter von einem Fahrgast einer zufällig vorbeifahrenden Fähre berichtet.

1.8.5 Native Integration von Web-Diensten in mobile Betriebssysteme

Eine Herausforderung für den Einsatz von Web-2.0-Diensten im Unternehmen ist die zentrale Verwaltung bzw. der Abgleich von bei verschiedenen Diensten hinterlegten Informationen und Dateien. Tendenziell sind diese Informationen und Dateien oft gerade «on-the-move» relevant und nützlich bzw. gehören wie etwa Kontaktinformationen (Telefonnummer, E-Mailadresse, Anschrift, usw.) zu den Grundinformationen, die auf Mobiltelefonen hinterlegt sind. Dieses Potenzial von sich automatisch abgleichenden Informationen und Dateien wurde von Betriebssystementwicklern erkannt und teilweise bereits weitgehend umgesetzt. Moderne Smartphone-Betriebssysteme integrieren nativ Informationen aus LinkedIn, Facebook, Twitter, Windows Live und diversen Google-Diensten, um somit Informationen zu Kontakten und Veranstaltungen, aber auch Fotos und letzte Statusmeldungen synchron in die entsprechenden Apps einzubeziehen. Auch der mobile Zugriff auf unternehmensinterne Kollaborationsplattformen und die automatische Synchronisierung mit dem Smartphone werden bereits teilweise nativ angeboten.

1.8.6 Ausblick

Eines der größten Nutzenpotenziale für erweiterte Funktionen durch mobile Geräte ist die Möglichkeit, über den mobilen Zugriff neue Meta-Informationen zu einem Sachverhalt zu erhalten und damit besser auf den Kontext bezogene Informationen zu generieren. Dieses Potenzial entspricht den Web-2.0-Prinzipien von datengetriebenen Anwendungen und der Nutzung kollektiver Intelligenz [O'Reilly, 2005]. Vermeintlich unstrukturierte Daten können so durch Meta-Informationen erweitert und nutzbar gemacht werden. Sind bspw. der aktuelle Aufenthaltsort und die Uhrzeit in Kombination mit dem Terminkalender verfügbar, können Informationen passend auf den momentanen Kontext bereitgestellt werden. Es werden dadurch Szenarien möglich wie die automatische Information an Besprechungsteilnehmer, dass ein Teilnehmender verspätet ist, aber sich auf dem Weg befindet, oder wie das automatische Einrichten einer gemeinsamen Datenablage für die Teilnehmenden einer Besprechung. Kontextbezogene Informationen bieten daher ein hohes Potenzial, sind aber dennoch oft schwer realisierbar, da meist eine umfangreiche Integration von verschiedenen Datenquellen nötig ist. Im Business-2-Employee (B2E)-Bereich können Mitarbeitende durch mobile Geräte unterstützt werden, um Geschäftsprozesse effizienter zu gestalten. In vielen Fällen ermöglicht die mobile Unterstützung sogar die komplette Neugestaltung von bestehenden Geschäftsprozessen und damit eine überhaupt effektivere Umsetzung von Prozessen oder gar gesamten Geschäftslösungen. Beispiele für solche neu gestalteten Geschäftsprozesse sind etwa Ticketing-Apps von Fluglinien. Durch den Check-in und das Ticket am Mobiltelefon können die Kontaktpunkte verringert werden und die schnellere Abwicklung generiert einen deutlichen Mehrwert für den Kunden. Die Herausforderung liegt somit weniger in der Verbesserung von bestehenden Prozessen, sondern mehr in der grundlegenden Neugestaltung unter den Gesichtspunkten der neuen Möglichkeiten durch moderne mobile Endgeräte.

Eine andere Herausforderung bei der Konzeption von Apps für Geschäftsanwendungen ist der teilweise noch nicht vollkommen gegebene mobile Internetzugriff. Die größte Herausforderung hierbei bilden teure

Daten-Roaming-Gebühren im Ausland. Im Vergleich zu flächenmäßig großen Ländern wie den USA ergibt sich für Europa hier ein Wettbewerbsnachteil wegen der heterogenen Mobilfunkanbieterlandschaft. In diesem Bereich sind Verbesserungen für die Nutzerschaft absehbar; die EU arbeitet bereits an entsprechenden Richtlinien.

Die Bedeutung der Integration von kontextbezogener Information in unseren Alltag und die Allgegenwärtigkeit von Computern wurde bereits Anfang der 90er-Jahre von Wissenschaftlern am Palo Alto Research Center (PARC) erkannt und dafür der Begriff Ubiquitous Computing geprägt. Mit dem Aufkommen und der schnell steigenden Verbreitung von Smartphones ist unsere Realität dieser Vision fast unbemerkt näher gekommen und es kann davon ausgegangen werden, dass dieser Trend auch in Zukunft weiter anhalten wird. Zukunftsvisionen wie jene von Microsoft zeigen klar, dass die führenden IT-Unternehmen an einer umfangreichen und tiefen Integration von Computern und Informationssystemen in unseren Alltag arbeiten. Dabei verschmelzen die Realität und das Internet immer weiter und so wird auch die Zukunft des Web 2.0 von Tim O'Reilly in dieser Entwicklung gesehen: dem sogenannten Web Squared.

1.8.7 Web Squared

Fünf Jahre nach der Definition von Web 2.0 [O'Reilly, 2005] haben Tim O'Reilly und John Battelle sich damit befasst, ob die Web-2.0-Prinzipien im Hinblick auf die Entwicklungen der letzten Jahre aktualisiert werden müssten. Unter dem Begriff «Web Squared» haben sie aktuelle Veränderungen aufgezeigt und einen Ausblick auf die Zukunft gegeben [O'Reilly & Battelle, 2009]. Web Squared beschreiben sie durch vier Aspekte bzw. Prinzipien, die im Folgenden anhand von Beispielen erläutert werden:

1. Kollektive Intelligenz und sensorische Informationen
2. Lernfähigkeit des Webs
3. «Information Shadow» und Internet der Dinge
4. Real-Time-Web

Generell treffen diese Prinzipien auf jene Web-2.0-Dienste zu, die durch den mobilen Zugriff an Funktionalität gewonnen haben. Sie können teilweise in den bereits genannten Anwendungsfällen wiedergefunden werden. Das erste Prinzip findet sich so etwa in den Beispielen zu den Apps von My Handicap und Boston CitizensConnect wieder. Durch Informationen, die automatisch über Sensoren erfasst werden, können Crowdsourcing-Anwendungen deutlich effizienter umgesetzt werden. Geschäftsanwendungen, die dieses Prinzip nutzen, finden sich bspw. in der Versicherungsbranche. Bereits eine Vielzahl von Versicherungen bieten Apps an, die es den Kunden ermöglichen, direkt im Schadensfall eine Schadensmeldung über die Versicherungs-App aufzunehmen. Die App bestimmt automatisch die Position des Schadenfalls (bspw. bei einem Autounfall) und ermöglicht das Anfügen von Fotos.

Für das zweite Prinzip führen [O'Reilly & Battelle, 2009] die iPhone-App «YOU R HERE» als Beispiel an. Mit dieser App können Benutzer Übersichtskarten, bspw. einer Golfanlage, fotografieren und auf dem Foto ihre aktuelle Position eintragen. Haben sie ihren Ort in der realen Welt gewechselt, können sie die neue Position ebenfalls im Foto markieren und die App berechnet bzw. kombiniert für alle weiteren Punkte auf dem Foto bzw. der fotografierten Karte die passenden Geokoordinaten. Somit hat die App nach der Eingabe von zwei Punkten gelernt, das zuerst unstrukturierte Foto zu strukturieren und kann somit eine Navigation auf dieser Karte bzw. dem Foto anbieten. So werden aus der expliziten Eingabe von zwei Punkten die restlichen Punkte implizit ermittelt.

Das dritte Prinzip findet sich bei der App Talking Wiki wieder. Zu vielen Objekten im realen Leben existieren Informationen im Internet (der sogenannte «Information Shadow»). Diese Informationen (bspw. ein Wikipedia-Eintrag zu einem Gebäude) werden von Talking Wiki per Audioausgabe dem Benutzer verfügbar gemacht. Der «Information Shadow» kann jedoch auch visuell über sogenannte Augmented Reality Apps (erweiterte Realität) sichtbar gemacht werden. Beispiele dafür sind etwa Wikitude oder Layar: Es sind Apps, welche es erlauben, «durch» die Kamera zu blicken und für die jeweiligen Objekte im Blickfeld passende Informationen aus dem Internet zu erhalten. Auf dem Bildschirm des Smartphone oder Media Tablet wird dazu ein Live-Bild der rückseitigen Kamera (also ein Live-Bild in die Richtung, in welche man blickt) angezeigt. Über den integrierten Kompass in Kombination mit den Lagesensoren und dem GPS-Modul weiss die App, in welche Richtung das aktuelle Bild zeigt bzw. welche Geokoordinaten sich im Blickfeld befinden. Das Blickfeld kann so mit den passenden Informationen aus dem Internet erweitert werden, vorausgesetzt sie verfügen über eine Ortsangabe bzw. einen Ortsbezug. So können nicht nur Wikipedia-Einträge eingeblendet werden, sondern bspw. auch Webcams, Informationen zu Berggipfeln, Öffnungszeiten von Geschäften oder der schnellste Weg zum nächsten Geldautomaten (bspw. der Postomat-Finder der Schweizer PostFinance App). Die Einsatzmöglichkeiten sind sehr weitreichend und weisen ein hohes Innovationspotenzial auf.

Das vierte Prinzip steht stellvertretend für die Transformation von Twitter hin zu einem wahren Real-Time-Medium. So wird es möglich, Informationen sehr zeitnah an eine große Anzahl von Empfängern zu verschicken, die sich die relevante Information selbst auswählen. Dieses Prinzip steht stellvertretend dafür, dass Ereignisse in der realen Welt – egal wo sie passieren – so gut wie sofort erfasst sind und Informationen dazu über das Internet bezogen werden können.

In diesem dynamischen Umfeld sind sowohl die Anwendungsideen als auch die Technologie noch am Anfang ihrer Entwicklung. Gerade aus diesem Grund sollte diesen Prinzipien Aufmerksamkeit gewidmet werden. In diesem Bereich ist bereits heute ein hohes Innovationspotenzial in Kombinationen mit großen Investitionssummen festzustellen.

1.9 Reflexionsfragen

- Welche Erfahrungen haben Sie mit Mobile IT gemacht? Diskutieren Sie Ihre Erfahrungen im privaten und beruflichen Umfeld.
- Besprechen Sie die Vor- und Nachteile der autoritären und Laissez-Faire-Strategie. Welche Gefahren und Kosten können für das Unternehmen entstehen? Wie reagieren Mitarbeitende darauf? Diskutieren Sie die Strategien im Mittelfeld des Spektrums.
- Wie würden Sie die Entwicklung von Mobile IT beschreiben und welche Aspekte halten Sie für besonders wirtschaftlich relevant oder innovativ?
- Worin sehen Sie die Vorteile von SGEM und wie können die Eigenschaften von SGEM zu einem Mehrwert beitragen?
- Diskutieren Sie für jeden Bereich der Value Chain, wie SGEM einen Nutzen bringen kann. Nehmen Sie auf möglichst konkrete Anwendungen Bezug.

1.10 Literatur

Akella, J., Brown, B., Gilbert, G. & Wong, L. (2012). Mobility disruption: A CIO perspective. McKinsey on Business Technology, 27(Fall), (pp. 32–35).

Apple Inc. (2011). iPad in Business – The Benetton Group Sales Team. Apple Inc. Retrieved 2013, from www.apple.com/ipad/business/profiles/benetton.

Ayyagari, R., Grover, V. & Purvis, R. (2011). Technostress: Technological Antecedents And Implications. MIS Quarterly, 35(4), (pp. 831–858).

Barnes, S. J. (2004). Wireless support for mobile distributed work: taxonomy and examples. In Proceedings of the Hawaii International Conference On System Sciences.

Basole, R. (2005). Transforming enterprises through mobile applications: A multi-phase framework. In Proceedings of the Eleventh Americas Conference on Information Systems, (pp. 1935–1939).

Basole, R. & Karla, J. (2011). On the Evolution of Mobile Platform Ecosystem Structure and Strategy. Wirtschaftsinformatik, 53(5), (pp. 313–322).

Basole, R.C. (2009). Visualization of interfirm relations in a converging mobile ecosystem. Journal of Information Technology, 24(2), (pp. 144–159).

BBC Technology News (2011). BBC News – Volkswagen turns off Blackberry email after work hours. BBC Technology News. Retrieved 2013, from www.bbc.co.uk/news/technology-16314901

de Reuver et al. (2009). Mobile business models, organizational and financial design issues that matter. Electronic Markets, 19(1), (pp. 3-13).

Finley, I. (2011). The Consumerization of Application Development. Gartner Report (G00216625).

Frost & Sullivan (2011). Brazilian Enterprise Tablets Market: Successful Business Case Studies (9855-72).

Galante, J. (2010). Amazon.com Ties With Wal-Mart, Behind Apple, in Music Sales. Bloomberg. Retrieved 2013, from www.bloomberg.com/news/2010-05-26/amazon-com-outpaces-apple-ties-with-wal-mart-stores-in-u-s-music-sales.html.

Harris, J., Ives, B. & Junglas, I. (2012). IT Consumerization: When Gadgets Turn Into Enterprise IT Tools. MIS Quarterly Executive, 11(3), (pp. 99–112).

IDC (2010). IDC Forecasts Worldwide Mobile Applications Revenues to Experience More Than 60% Compound Annual Growth Through 2014. Retrieved 2013, from www.idc.com/about/viewpressrelease.jsp?containerId=prUS22617910&sectionId=null&elementId=null&pageType=SYNOPSIS.

ITU (2013). The World in 2013: ICT Facts and Figures. Retrieved 2013, from www.itu.int/en/ITU-D/Statistics/Documents/facts/ICTFactsFigures2013.pdf

Kadyte, V. (2004). Uncovering The Potential Benefits Of Mobile Technology in A Business Relationship Context: A Case Study. In Proceedings of the 12th ECIS, Turku, Finland.

Kontzer, T. (2012). Managing Mobility in the Enterprise. CIO Insight, (121), (pp. 14–17). Retrieved 2013, from www.cioinsight.com/c/a/Mobile-and-Wireless/Managing-Mobility-in-the-Enterprise-179818.

Kristoffersen, S. & Ljungberg, F. (1999). «Making place» to make IT work. In Proceedings of the ACM SIGGROUP, New York, USA, (pp. 276–285).

Meeker, M. (2012). Internet Trends. Retrieved 2013, from http://de.slideshare.net/kleinerperkins/kpcb-internet-trends-2012.

Meeker, M. (2013). Internet Trends. Retrieved 2013, from http://de.slideshare.net/kleinerperkins/kpcb-internet-trends-2013.

Nelson, S. D. & Willis, D. A. (2011). Enterprise Applications for Tablets. Gartner Report (G00214074).

O'Reilly, T. (2005). What Is Web 2.0 – Design Patterns and Business Models for the Next Generation of Software. Retrieved 2013, from http://oreilly.com/web2/archive/what-is-web-20.html.

O'Reilly, T. & Battelle, J. (2009). Web Squared: Web 2.0 Five Years On.

Web 2.0 Summit, San Francisco, USA. Retrieved 2013, from www.web2summit.com/web2009/public/schedule/detail/10194.

Österle, H. (2006). Business Engineering: Geschäftsmodelle tranformieren. In P. Loos & H. Krcmar (Eds.), Architekturen und Prozesse – Strukturen und Dynamik in Forschung und Unternehmen, (pp. 71-84.). Berlin: Springer.

Pitt, L. F., Parent, M., Junglas, I., Chan, A. & Spyropoulou, S. (2010). Integrating the smartphone into a sound environmental information systems strategy: Principles, practices and a research agenda. The Journal of Strategic Information Systems, 20(1), (pp. 27–37).

Pitt, L., Berthon, P. & Robson, K. (2011). Tablet Business Applications. The Society for Information Management's Advanced Practices Council, (March), (pp. 1–20).

Sammer, T. & Walter, T. (2012). Das mobile Web 2.0 im Unternehmen. In A. Back, N. Gronau & K. Tochtermann (Hrsg.), Web 2.0 und Social Media in der Unternehmenspraxis: Grundlagen, Anwendungen und Methoden mit zahlreichen Fallstudien. München: Oldenbourg.

Scornavacca, E. & Barnes, S. J. (2008). The strategic value of enterprise mobility: Case study insights. Information Knowledge Systems Management, 7(1/2), (pp. 227–241).

Sheng, H., Nah, F. F.-H. & Siau, K. (2005). Strategic implications of mobile technology: A case study using Value-Focused Thinking. The Journal of Strategic Information Systems, 14(3), (pp. 269–290).

Sørensen, C. (2011). Enterprise Mobility: Tiny Technology with Global Impact on Work. New York: Palgrave Macmillan.

Sybase Inc. (2011). Enterprise Mobility Guide 2011.

Tallon, P.P., Kraemer, K.L. & Gurbaxani, V. (2000). Executives' Perceptions of the Business Value of Information Technology: A Process-Oriented Approach. Journal of Management Information Systems, 16(4), (pp. 145–173).

Walker, B. & Barnes, S. J. (2005). Wireless sales force automation: concept and cases. International Journal of Mobile Communications, 3(4).

Walter, T. (2010). Enterprise Apps. KnowTech, Bad Homburg, Germany. Retrieved 2013, from www.alexandria.unisg.ch/Publikationen/Person/W/Thomas_Walter/213223.

Walter, T. & Sammer, T. (2012). Mobile Business Solutions Studie 2012. Berlin: T-Systems MMS.

Willis, D.A. (2011). iPad and Beyond: The Media Tablet in Business. Gartner Report (G00211735).

Yoo, Y., Henfridsson, O. & Lyytinen, K. (2010). Research Commentary – The New Organizing Logic of Digital Innovation: An Agenda for Information Systems Research. Information Systems Research, 21(4), (pp. 724–735).

YouTube (2013). YouTube Press Statistics. Retrieved 2013, from www.youtube.com/yt/press/en-GB/statistics.html 2013.

Hinweis

In diesem Kapitel wurden zahlreiche Passagen aus [Sammer & Walter, 2012] und [Walter & Sammer, 2012] weitgehend wörtlich übernommen.

2 Strategische Ebene

Das folgende Kapitel gibt einen Überblick zum Thema Strategie. Es wird allgemein die Verflechtung von Geschäftsstrategie, IS-Strategie und IT-Strategie aufgezeigt und die Notwendigkeit einer IS-Strategie als Verbindungsglied zwischen Technologie und Unternehmenszielen dargelegt. Darauf aufbauend wird beschrieben, weshalb eine Mobile-Strategie für Unternehmen relevant ist und wie diese sich bspw. aus einer Device- und App-Strategie zusammensetzen kann. Anschließend werden typische Ausprägungen einer Mobile-Strategie erklärt und am Unternehmensfall des «Audi App Center» verdeutlicht.

Wissensziele

- Sie verstehen, was eine Geschäfts-, IS- und IT-Strategie ist und können diese unterscheiden.
- Sie verstehen, warum eine IS-Strategie notwendig ist, was ihr Zweck ist.
- Sie verstehen, warum eine Mobile-Strategie notwendig ist und auf welcher Ebene eine solche Strategie anzusetzen ist.
- Sie kennen typische Fragestellungen im Zusammenhang mit einer Mobile-Strategie.
- Sie verstehen, was eine Device- und eine App-Strategie ist und was typische Fragestellungen solcher Strategien sind.

- Sie kennen typische Gestaltungsmöglichkeiten einer Mobile-Strategie.
- Sie verstehen, was eine Bring-Your-Own-Device(BYOD)-Strategie ist.
- Sie wissen, wie das Thema Mobile-Strategie bei Audi behandelt wird und welcher Lösungsansatz gewählt wurde

2.1 Einführung IS- und IT-Strategie

Bevor wir über Strategie sprechen, müssen wir zuvor noch den Begriff des Informationssystems (IS) definieren. Der Begriff IS kann als eine Erweiterung des IT-Begriffs verstanden werden, da ein Informationssystem nicht nur technologische, sondern auch organisatorische Aspekte abdeckt. Das Wort System unterstreicht die wechselseitige Wirkung zwischen den Teilbereichen eines Informationssystems. Für die erfolgreiche Implementierung eines IS ist diese erweiterte Betrachtung unbedingt notwendig. [Leavitt, 1964] stellt diese Wechselwirkung in Form einer Raute dar, die die Bereiche Technik, Aufgabe, Mensch und Organisationsstruktur umfasst. Abb. 2-1 illustriert dieses Modell, welches auch Leavitt's Diamond genannt wird.

Das Modell von Leavitt geht davon aus, dass keiner diese Teilbereiche isoliert verändert werden kann bzw. dass eine Veränderung in einem Teilbereich durch die anderen absorbiert und damit neutralisiert wird. Demzufolge kann eine nachhaltige Änderung nur durch die gleichzeitige Transformation aller vier Teilbereiche erreicht werden. Die erfolgreiche Einführung des mobilen Check-in bei Fluglinien konnte z.B. nur deshalb erreicht werden, weil die Kunden das neue System kennen, akzeptieren und verstehen (**Mensch**), der Check-in-Prozess so angepasst wurde, dass er selbständig ohne Schulung vom Kunden übernommen werden kann (**Aufgabe**) und die Dienstleistung und der entsprechende Service in die **Organisationsstruktur** integriert wurden. Nur die technische Umsetzung, ohne dabei die Akzeptanz und Kommunikation zum Kunden oder die Integration in die Organisationskultur zu berücksichtigen, hätte vermutlich zu einem geringen Erfolg und im schlimmsten Fall verärgerten Kunden geführt.

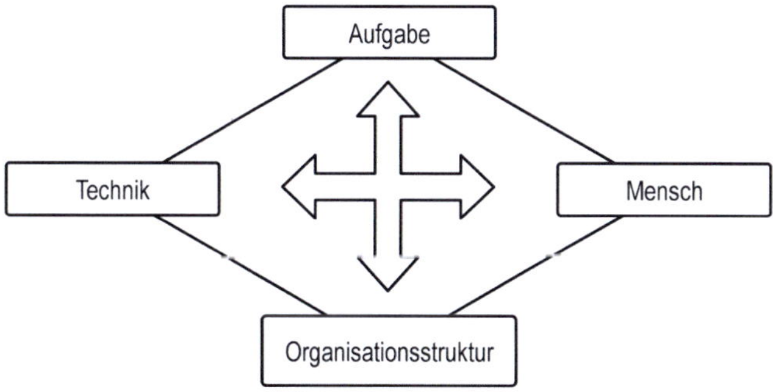

Abb. 2-1: Die wechselseitigen Beziehungen zwischen Technik, Aufgabe, Mensch und Organisationsstruktur nach [Leavitt, 1964]

DEFINITION «INFORMATIONSSYSTEM»

Ein Informationssystem ist die Summe aller geregelten betriebsinternen und -externen Informationsverbindungen sowie deren technische und organisatorische Einrichtung zur Informationsgewinnung und -verarbeitung. Es umfasst zumindest die Teilbereiche Technik, Aufgabe, Mensch und Organisationsstruktur.
Quelle: Gabler Wirtschaftslexikon[1]

Wir widmen uns dem betrieblichen Kontext und betrachten ein IS daher als die Verankerung von IT im Unternehmen mit dem Ziel einen Unternehmensnutzen zu schaffen. Ein IS ist grundsätzlich in der Lage, verschiedenste Arten von Unternehmensnutzen zu erzeugen. Um ein IS

1 http://wirtschaftslexikon.gabler.de/Definition/informationssystem.html

allerdings bestmöglich im Unternehmen zu verankern, sollten sich die Ziele des IS an den Zielen des Unternehmens ausrichten. Eine solcher Abgleich der Ziele wird in der Literatur auch als «Strategic Alignment» oder «IT Alignment» bezeichnet.

Die Ziele eines Unternehmens sind in der Geschäftsstrategie formuliert. Die Geschäftsstrategie definiert, wohin ein Unternehmen sich entwickeln soll und warum. Eine Geschäftsstrategie umfasst dabei die Vision und Ziele, die ein Unternehmen erreichen möchte; Initiativen und Massnahmen zur Erreichung der Ziele und Kenngrößen zur Messung der Zielerreichung. Ein weitverbreitetes Instrument zur Definition und Operationalisierung einer Geschäftsstrategie ist die Balanced Scorecard (BSC) nach [Kaplan & Norton, 1996].

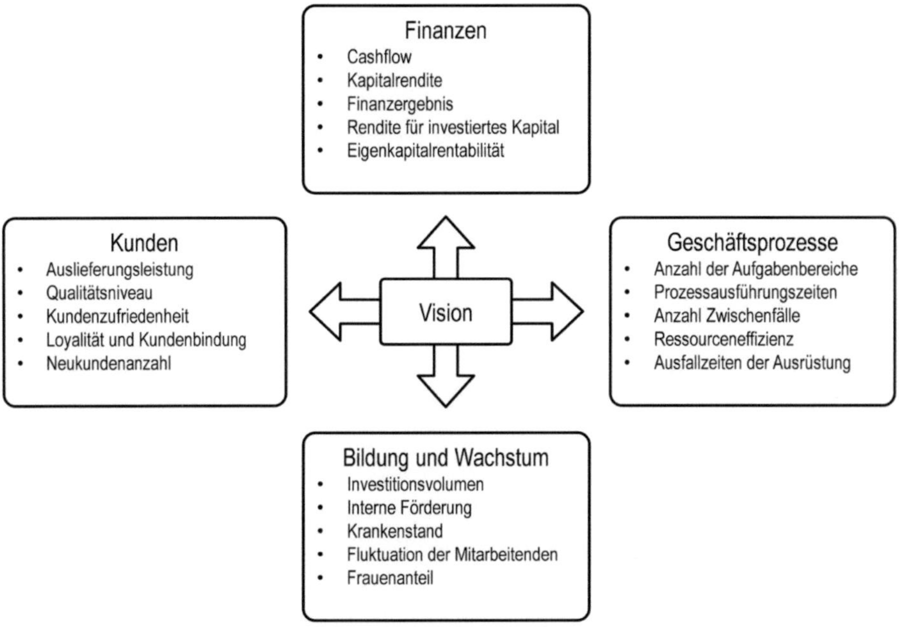

Abb. 2-2: Beispielhafte Darstellung einer Balanced Scorecard nach Kaplan und Norton. Abb. adaptiert aus [Laudon & Laudon, 2009]

Im Zentrum der BSC stehen die Vision und die Unternehmensziele. Diese meist sehr generischen Zielsetzungen werden in der BSC nach vier Dimensionen operationalisiert: Kunden, Finanzen, Geschäftsprozesse, und Bildung und Wachstum. Je Kategorie werden Kennzahlen (KPI – Key Performance Indicators) definiert, um die Zielerreichung zu messen. Neben den Messgrößen werden meist auch die Zielgrößen, oft nach zeitlichen Etappen gestaffelt, definiert. Eine einfache Kennzahl der Dimension Finanzen wäre bspw. der Cashflow. Die Zielgrößen für den Cashflow könnten dann bspw. +10% für das nächste Jahr und +20% für die kommenden zwei Jahre sein. Abb. 2-2 stellt eine BSC beispielhaft dar.

Aus der Literatur und der Praxis lässt sich daher der Grundsatz ableiten, dass eine IS-Strategie der Geschäftsstrategie folgt bzw. diese unterstützt und nicht umgekehrt. Die Geschäftsstrategie ist daher maßgeblich für die IS-Strategie. Ein Verständnis für die Geschäftsstrategie ist daher unbedingt notwendig für die Gestaltung einer IS-Strategie. Gadatsch & Mayer (2006) empfehlen, dass eine IS-Strategie zumindest die folgenden Teilbereiche behandeln sollte:

- Formulierung eines zukünftigen Sollzustandes (Wohin wollen wir?).
- Aufzeigen des Handlungsbedarfs (Was müssen wir tun? Wo sind die Schwachstellen?).
- Ermittlung der Handlungsoptionen (Welche Alternativen haben wir?).
- Setzen von Zielen und Definition von Maßnahmen (Was soll konkret gemacht werden? Bis wann sollen die Ziele erreicht werden?).
- Festlegung der Verantwortung (Wer führt die Maßnahmen durch?).
- Bestimmung von Messgrößen für das Zielmonitoring (Wann sind die Ziele erreicht?).

Wie bereits erwähnt, umfasst die IS-Strategie die organisatorischen und technischen Aspekte. Um die technische Umsetzung zu organisieren, ist ein Teilbereich die IT-Strategie. Wird in der IS-Strategie die «Nachfrage» definiert, wird mit der IT-Strategie versucht, dieser Nachfrage gerecht zu werden. Die IT-Strategie versucht daher, den Bedarf an IT-Dienstleistungen und -Ressourcen aus der IS-Strategie abzuleiten und zu decken. Die IT-Strategie beschäftigt sich demzufolge damit, die entsprechenden IT-Ressourcen bereitzustellen. Abb. 2-3 fasst diesen Zusammenhang zwischen Geschäftsstrategie, IS-Strategie und IT-Strategie zusammen und verdeutlicht die Leitfragen der jeweiligen strategischen Teilbereiche und den Austausch an Information zwischen ihnen.

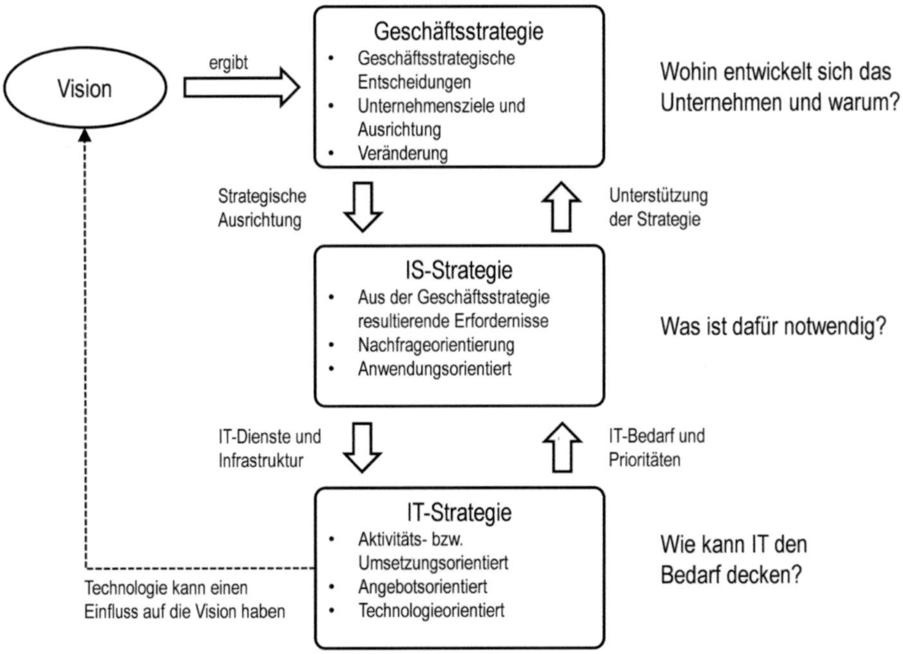

Abb. 2-3: Schematische Darstellung des Zusammenhangs zwischen Geschäftsstrategie, IS-Strategie und IT-Strategie. Abbildung adaptiert aus [Laudon & Laudon, 2009]

Auch wenn der Zusammenhang zwischen diesen Teilbereichen als Top-Down bezeichnet werden kann, gibt es eine Rückkoppelung, da technologische Innnovationen auch die Formulierung der Vision wesentlich beeinflussen bzw. den Gestaltungsspielraum verändern können.

Die Umsetzung im Rahmen der IT-Strategie erfolgt üblicherweise in Form von Projekten. In diesem Zusammenhang wird auch vom IT-Portfoliomanagement gesprochen, welches die Bewertung, Auswahl und das Controlling von IT-Projekten beinhaltet. Das IT-Portfolio ist praktisch der Ist-Zustand und die IT-Strategie der Soll-Zustand. Im Rahmen des IT-Portfoliomanagements werden daher die einzelnen IT-Projekte koordiniert, die dazu beitragen sollen, den Soll-Zustand zu erreichen. Es handelt sich dabei um einen kontinuierlichen Prozess.

Im Zusammenhang mit Mobile Business sprechen wir auf dieser Ebene von Mobile Business Solutions. Eine Mobile Business Solution ist daher das operativ einsetzbare Ergebnis eines Mobile-Projekts, bspw. eine App.

DEFINITION «MOBILE BUSINESS SOLUTION (MBS)»
Unter dem Begriff Mobile Business Solution (MBS) versteht man Prozesse, Aktivitäten sowie Applikationen, die unter Nutzung drahtloser Übertragungstechnologien sowie mobiler Endgeräte zur Optimierung von geschäftlichen Vorgängen eingesetzt werden.
Quelle: [BVDW, 2011]

Die Auswahl von IT-Projekten ist daher ebenfalls stark mit der IT- und damit auch mit der IS- und Geschäftsstrategie verknüpft. Um eine erfolgreiche Auswahl an IT-Projekten zu treffen, ist es daher notwendig, dass eine IT- bzw. eine IS-Strategie existiert. In vielen Konzernen ist es dennoch der Fall, dass zwar eine Geschäftsstrategie und evtl. sogar ein IT-Portfoliomanagement besteht, die Verbindungsglieder zwischen diesen Ebenen, die IT/IS-Strategie, allerdings fehlen. Um diesen Zustand zu erfassen, haben [Chen et al., 2010] eine Typologie von IS-Strategien definiert. Die Typologie unterscheidet zwischen dem IS-Innovator, IS-Konservativen und der undefinierten IS-Strategie. Der IS-Innovator kann als ein «Early Adopter» bezeichnet werden. IS sind hier ein zentrales Mittel für Innovation und technologische Neuerungen werden sehr schnell angenommen. Im Gegensatz dazu folgt der IS-Konservative erst jenen technologischen Neuerungen, die sich bereits etabliert haben. Hier steht der sichere und stabile Betrieb von IS im Mittelpunkt. Die dritte Ausprägung, die undefinierte IS-Strategie, bringt zum Ausdruck, dass in vielen Unternehmen zwar in IT investiert wird, allerdings ohne eine längerfristige Perspektive damit zu verfolgen. Die Investition in IT ist dabei losgelöst von der Geschäftsstrategie. Die Konsequenz daraus kann zwar bereits intuitiv erahnt werden, ist aber auch empirisch belegt: Sowohl die innovationsfreundliche als auch die konservative IS-Strategie tragen positiv zur Unternehmensperformance bei, die undefinierte IS-Strategie hat einen empirisch belegbaren negativen Einfluss auf die Unternehmensperformance [Leidner et al., 2011].

▸ EXKURS: DER FALL BOEING

Im dem Fallbeispiel von [Nolan, 2012] wird die Entwicklung des Boeing-Konzerns betrachtet. Der Konzern hat sich über die mittlerweile beinahe 100 Jahre Unternehmensgeschichte mehrfach verändert. Von der Industrialisierung über die Globalisierung bis zur aktuellen Transformation zum virtuellen Unternehmen hat sich allerdings nicht nur die Organisation stark verändert, sondern auch die Rolle der IT. Mittlerweile hat IT das gesamte Unternehmen erfasst und ist zu einer unternehmenskritischen Ressource für Boeing geworden. Die Umsetzung eines virtuellen Unternehmens ist erst durch die systematische Nutzung von IT in allen Unternehmensbereichen ermöglicht worden. Die Transformation vom virtuellen Unternehmen

manifestiert sich bei Boeing in Form des Modells 787, welches global verteilt auf viele Lieferanten in Einzelteilen gefertigt wird und von Boeing eigentlich nur mehr zusammengesetzt wird. Die Besonderheit hierbei ist, dass nicht nur der Fertigungsprozess fast ausschließlich außerhalb des Konzerns passiert, sondern auch große Teile der Konstruktion und damit verbundenen Teilproblemlösungen. So werden anstatt fertiger Baupläne mehrheitlich Spezifikationen mit Zielgrößen an die Lieferanten weitergegeben, die dann von diesen erst entwickelt werden müssen. Die Vernetzung zwischen Boeing und den Lieferanten ist dabei überaus intensiv.
Nolan analysiert die Entwicklung von Boeing und stellt fest, dass mit dem letzten Führungswechsel die Bedeutung und die Rollendefinition von IT im Konzern verloren gegangen sind. Er unterstreicht, dass IT zwar zentral für das Unternehmen ist, aber kaum mehr strategische Beachtung findet. Dieser Verlust einer IS/IT-Strategie hat seiner Meinung nach zu den starken Verzögerungen in der Entwicklung und Fertigung der 787 geführt.
Mittlerweile wurden Flugzeuge des Modells 787 bereits an Kunden ausgeliefert, mussten allerdings aufgrund schwerwiegender Mängel aus dem Flugverkehr gezogen werden. Die Probleme der 787 konnten als ernste Bedrohung für das Unternehmen angesehen werden.

Das Fehlen einer IT/IS-Strategie kann daher kritisch für den Unternehmenserfolg sein. Ebenfalls kann es kritisch sein, wenn die IT/IS-Strategie nicht vollständig ist. Wird etwa die Nachfrage aus dem Business nach Apps nicht berücksichtigt, ist meistens die Konsequenz daraus, dass die jeweilige Fachabteilung eine App selber umsetzt oder extern entwickeln lässt. Damit kann es zu Teilbereichen von IT kommen, die nicht in der IT/IS-Strategie berücksichtigt sind und daher keiner Strategie folgen. Die

Konsequenz daraus können Insellösungen bzw. Datensilos sein – Lösungen, die evtl. essenziell für den Betrieb sind, aber nicht professionell betrieben sind oder mit weiterer Unternehmens-IT vernetzt werden können. Entsteht daher eine Nachfrage aus dem Business nach einer speziellen Technologie, ist es notwendig, dass diese in der gesamten IT/IS-Strategie integriert wird.

In diesem Zusammenhang wird auch von der Mobile-Strategie oder Mobile-Business-Strategie gesprochen. Die Mobile-Strategie ist dabei auf der Ebene der IS-Strategie anzusiedeln und beinhaltet neben den technischen auch die organisatorischen Aspekte. Typische Fragestellungen hierbei sind etwa:

- Wie soll das Thema organisatorisch im Unternehmen aufgehängt sein?
- Wie kann der Wissensaustausch gefördert werden und die Nachfrage erkannt werden?
- Wie müssen Mobile-Projekte organisiert werden?
- Welche Nutzenbegründung gibt es?
- Was sind die Ziele von Mobile Business im Unternehmen und wie können diese erreicht werden?

Auf der Ebene der IT-Strategie wird das Thema Mobile Business dann meist weiter unterteilt in die Teilbereiche Hardware (Gerät bzw. Device) und Software (App). So wird in vielen Unternehmen von einer Device-Strategie und einer App-Strategie gesprochen. In den Bereich der Device-Strategie fallen Fragen wie:

- Welche mobilen Geräte sollen in die IT-Infrastruktur integriert werden?
- Welche mobilen Betriebssysteme sollen verwendet werden?
- Welche Mitarbeiterrolle erhält welches Gerät?
- Wie kann die Datensicherung umgesetzt werden?
- Was geschieht im Fall des Verlusts eines Geräts?

- Werden die Geräte vom Unternehmen ausgewählt und gekauft oder von den Mitarbeitenden?

EXKURS: SONDERFORM BYOD

«Bring your own device (BYOD)» ist aktuell ein viel diskutiertes Thema im Bereich Device-Strategie. Die Definition von BYOD gelingt einfach: Während Mitarbeiter früher glücklich waren, wenn sie ein mobiles Endgerät und ein Notebook gestellt bekamen, wollen sie heute die privat gekaufte Hardware ins Büro nehmen und für die tägliche Arbeit einsetzen [Vogt, 2011]. Unternehmen müssen letztlich zwischen der Möglichkeit, hierdurch IT-Kosten zu senken, und steigendem Administrationsaufwand sowie Sicherheitsrisiken abwägen. BYOD-Initiativen sind also ein klassisches Hardware-Integrationsthema mit diversen Fragestellungen im Bereich Sicherheit und Service. Eine lockere Handhabung von BYOD ist daher generell in wenigen Unternehmen der Fall, da für eine nachhaltige BYOD-Strategie vor allem die technischen und rechtlichen Rahmenbedingungen geschaffen werden müssen. Ebenfalls wird der Vorteil von BYOD-Initiativen stark diskutiert. Zum einen können ggf. die Investitionskosten verringert werden, allerdings ist davon auszugehen, dass die laufenden Kosten durch eine BYOD ansteigen. In vielen Fällen basiert die Entscheidung für eine BYOD-Strategie daher weniger auf quantifizierbaren Werten, sondern meist in der Steigerung der Mitarbeiterzufriedenheit.

Im laufenden Betrieb sieht eine BYOD dann meist so aus, dass die Mitarbeitenden zunächst ihre Geräte bei der IT abgeben. Dort wird die Gerätenummer in einer zentralen Verwaltungssoftware (Mobile Device Management System – MDM oder MDMS) eingetragen und ein Secure Container (geschützter Bereich) installiert. Anschließend kann der Mitarbeitende standardisierte Services, meist E-Mail und

Kalender, auf dem privaten Endgerät nutzen. Unterstützt werden jedoch oft nur zwei bis drei aktuelle Gerätetypen (z.B. das iPhone ab der dritten Generation oder Android-basierte Endgeräte ab 2010). Die Gefahr einer sogenannten Schatten-IT, also dass sich neben offiziellen weitere, durch die Mitarbeitenden selbst verwaltete IT-Systeme etablieren, sehen Unternehmen durch die Einführung einer BYOD-Strategie teilweise entschärft.

Fallbeispiel: BYOD bei Swiss Re

Die Schweizerische Rückversicherungs-Gesellschaft, kurz Swiss Re, ist ein global tätiges Rückversichungsunternehmen mit ca. 10.000 Mitarbeitenden. Die Mitarbeitenden der Swiss Re verteilen sich auf zahlreiche Niederlassungen und sind in ihrer Tätigkeit in einem global aufgestellten Unternehmen sehr mobil. Mit der steigenden Nachfrage nach modernen Smartphones und Media Tablets konfrontiert, hat die Swiss Re sich entschlossen, eine BYOD-Strategie zu implementieren. Stefan Sieger, Managing Director und Head of IT Customer Service, erklärt im folgenden Fallbeispiel die BYOD-Strategie der Swiss Re. Die Fallstudie wurde im Februar 2013 von Thomas Sammer aufgezeichnet.

Unternehmen und Kontext
Link: https://vimeo.com/69967648
Passwort: mobile

Ausgangslage und Herausforderung
Link: https://vimeo.com/69967649
Passwort: mobile

Entscheidung und Lösung
Link: https://vimeo.com/69967650
Passwort: mobile

Lessons Learned und Ausblick
Link: https://vimeo.com/69967651
Passwort: mobile

Für die Gestaltung einer App-Strategie sind folgende Fragen relevant:

- Wie wird die Software den Mitarbeitenden zur Verfügung gestellt (Deployment)?
- Wie werden Apps vor unbefugtem Zugriff geschützt?
- Gibt es ein Corporate Design für Apps?
- Werden die öffentlichen App Stores überwacht bzw. laufend ausgewertet?
- Wie wird der Erfolg einer App gemessen (Tracking bzw. In-App Tracking)?

Zu beachten ist hierbei, dass beide Bereiche stark mit der Mobile-Strategie verflochten sind und organisatorische Anforderungen ebenfalls beachtet werden müssen. Diese organisatorischen Anforderungen werden dann meist allerdings zentral in der Mobile-Strategie gebündelt.

2.2 Ausprägungen strategischer Aspekte von Mobile Business in der Praxis

Auch wenn durch die Theorie und Fallbeispiele aufgezeigt werden kann, dass eine Mobile-Business-Strategie notwendig ist, zeigt sich in der Praxis ein wenig einheitliches Bild mit verschiedensten Ausprägungen. Die beschriebenen Ausprägungen sind dabei nicht als Lösungen, sondern als Überblick zu in der Praxis üblichen Umsetzungsvarianten zu verstehen.

Auf strategischer Ebene stellt sich zu Beginn die Frage nach dem Initiator für Mobile-Business-Projekte. Eng damit verbunden ist die Frage, wie Unternehmen den Nutzen von Mobile Business begründen bzw. welche Ziele sie mit der Einführung verbinden. Zudem ergeben sich verschiedene Möglichkeiten, wie das Thema in der Organisationsstruktur verankert wird. Abb. 2-4 fasst verschiedene Ausprägungsmöglichkeiten einer Mobile-Business-Strategie zusammen, die wir uns nun im Detail ansehen werden.

Strategie				
Projekttyp	Fachbereichsgetriebenes Projekt		Innovationsprojekt (Strategisches)	
Organisatorische Aufhängung MB im Unternehmen	nur Projekt	Lose Organisation (Arbeitskreis, Fachgruppe, Round Table, ...)		Strategische Aufhängung (in Stabstelle, mit MB-Verantwortlicher/m)
Nutzenbegründung MBS	quantifizierbarer Nutzen (ROI berechnet, z.B. über Zeitersparnis, geringere Fehleranfälligkeit)		qualitativer Nutzen (Kundenbindung, Mitarbeiterzufriedenheit, Image, ...)	
Ziel	Kundenbindung	Kundengenerierung	Mitarbeitereffizienz	Mitarbeiterzufriedenheit

Abb. 2-4: BE-Modell-Strategie

2.2.1 Projekttyp

Die Ergebnisse unserer Studie zeigen, dass das Thema Mobile Business Solutions (MBS) in Unternehmen bisher oft keinen besonders hohen Stellenwert einnimmt. MBS werden meist bereichsübergreifend in Projekten erstellt und anschließend einem Fachbereich und der IT zur Wartung und Pflege übergeben. Erfahren die Projekte an sich oft noch Unterstützung von «ganz oben», so ist das Thema selbst meist nirgends zu Hause. Konzernübergreifende Mobile-Verantwortliche sind noch genauso selten wie Mobile-Strategien. Im Folgenden werden die angesprochenen Aspekte einzeln erläutert. Die im Folgenden vorgestellten Ergebnisse sind aus der anfangs erwähnten (Kapitel 1) Studie abgeleitet.

Fachbereichsprojekt

Fachbereichsprojekte sind gewöhnliche IT-Projekte im weiteren Sinne. Ein Fachbereich stellt den Antrag für eine mobile Lösung oder ihre Unterstützung und der gewohnte Genehmigungsprozess wird in Bewegung gesetzt: Use Cases, Pflichtenheft, Lastenheft, Business Case, Vorstandsvorlage, Ausschreibung, Due Dilligence und so weiter. Diese Art von Projektinitiierung ist vielen Mitarbeitenden bekannt, dauert aber in der Regel länger als das weiter unten beschriebene Innovationsprojekt. Unternehmen, die diesen Weg gehen, haben meist einen starken Bedarf nach der mobilen Lösung. In der Regel werden zahlreiche Use Cases aufgezeigt und die dazugehörigen Business Cases gerechnet. Im Nachhinein sind fachbereichsgetriebene Projekte daher oft mit einem einfach vorrechenbaren ROI (Return on Investment) belegt, bspw. über drastische Zeitersparnisse oder ein höheres Auftragsvolumen. Ein typisches Beispiel für ein Fachbereichsprojekt stellt die MBS der Hamburger Hafen Logistik (HHLA) dar.

▶ **STATEMENT AUS DER PRAXIS**

«Wir setzen im gesamten Containerumschlagsprozess an verschiedenen Stellen MBS ein, als Handhelds, aber auch in Kränen oder Fahrmaschinen. Hier geht es nicht darum, den Logistikern und Spediteuren zu zeigen, wie innovativ wir sind und mit welch schicken Geräten wir arbeiten, sondern darum, effizient und sicher den Containerumschlag zu stützen. Das ist also weder Spielerei noch Gimmick, sondern das muss einfach gemacht werden, weil es zu unserem

operativen Kerngeschäft gehört.»
Michael Busch, CIO, Hamburger Hafen Logistik AG

Innovationsprojekt
Neben den fachbereichsgetriebenen Projekten sind Mobile-Projekte ebenfalls oft im Rahmen von Innovationsprojekten anzutreffen. Innovationsprojekte werden von einer Fachabteilung, oft jedoch auch von der Vorstandsetage initiiert und über ein unternehmensweites Innovationsbudget bezahlt. Das Investitionsvolumen kann dabei stark variieren und reicht von fünf- bis sechsstelligen Beträgen. Deutlich häufiger sind jedoch Innovationsprojekte im fünfstelligen Bereich, da sie oft zur Erstellung eines ersten Prototyps genutzt werden. Gemeinsam haben diese Projekte, dass die Projektvorgaben weitaus weniger strikt sind. Oft muss kein Business Case gerechnet werden, die Nutzenbegründung ist qualitativ oder entfällt. Die Initiierung dieser Projekte erfolgt auf Basis verschiedener Begründungen, z.B. wenn man erste Schritte im Umfeld neuer Geräteklassen oder Applikationstypen machen möchte, wenn man zunächst einmal in einem kleineren Rahmen prüfen möchte, welche quantifizierbaren Vorteile das Setup haben kann, oder wenn man sich gegenüber den Endkunden als Technologieführer einer Branche positionieren möchte. Im Rahmen der Studie ist erkennbar, dass derzeit ein Großteil der MBS-Lösungen für Media Tablets aus solchen (strategischen) Innovationsprojekten entstehen. Einige typische Beispiele:

▶ **STATEMENTS AUS DER PRAXIS**

«Im Rahmen einer strategischen Initiative prüfen wir, inwieweit Mobile Devices in der Beratung qualitativen und quantitativen Nutzen stiften können. Innerhalb eines Piloten sammeln wir Erfahrungen und vergleichen die Verkaufsergebnisse der mit einem iPad ausge-

statteten Berater mit denen einer Kontrollgruppe. Ist dieser Test bestanden, werden wir die Business Cases rechnen.»
Eva Weber, Außendienst Koordination, Axa Winterthur

«Wir haben den Anspruch, in unserer Branche als Technologiemarktführer aufzutreten und unseren Kundinnen und Kunden die Dienstleistungen auch auf neuen Kommunikationskanälen und Prozesse mit moderner Technik anzubieten. Dazu gehörte für uns schon in 2010 eine Mobile Banking App und jetzt eben auch die iPad-Lösung für unsere Berater.»
Roland Greber, Programmleiter Mobile bei PostFinance

«Das ist bei uns ein klar strategisches Projekt. Natürlich gibt es in einem großen Konzern gleichzeitig immer Mitarbeiter, die bereits Bedarf angemeldet haben. Trotzdem sehen wir nicht viel Sinn darin, jetzt im Vorhinein auf dem Papier 20 Use Cases zu definieren, denn die letztlich entscheidenden Problembereiche treten in der Regel nach Inbetriebnahme auf.»
Klaus-Peter Weidmann, Crew Communication Systems, Deutsche Lufthansa

Innovationsprojekte können die verschiedensten Ausprägungen annehmen, wie der folgende Exkurs verdeutlicht.

EXKURS: DAS «SPASS-APP-PROJEKT»

Das Beispiel Namics AG, eine IT-Beratung mit ca. 400 Mitarbeitenden, zeigt, dass MBS-Projekte auch ganz ohne Fachbereichsbudget oder strategische Initiative initiiert werden können. Während den Namics labs (Workshop-Tagen, die unter dem Motto stehen: «Was

Du schon immer mal tun wolltest, aber wofür Du im Alltag keine Zeit hast.») fährt das ganze Unternehmen für zwei Tage an ein Offsite und arbeitet an Themen, welche die Mitarbeitenden gerade besonders spannend finden. 2009 starteten vier Programmierer und ein Manager an diesem Workshop-Tag mit einer mobilen Webseite, ursprünglich um direkt Räume buchen zu können; heute ist dies die RoomNOW-Funktion in der Applikation. Seitdem - also drei Namics labs später, bei denen jeweils an der MBS weitergearbeitet wurde - ist eine komplette Web-App entstanden, in der neben Raumbuchungen auch das Adressbuch aller Mitarbeitenden abrufbar ist, die Stunden erfasst (reportNOW), Geschäftskennzahlen eingesehen (facts) oder ein unternehmensinternes Blog gelesen werden können (vgl. Abb. 2-5). Die Web-App greift auf diverse Backends zu. Sie findet großen Anklang, 80% der Berater nutzen sie. Einen offiziellen Verantwortlichen gibt es jedoch bis heute nicht.

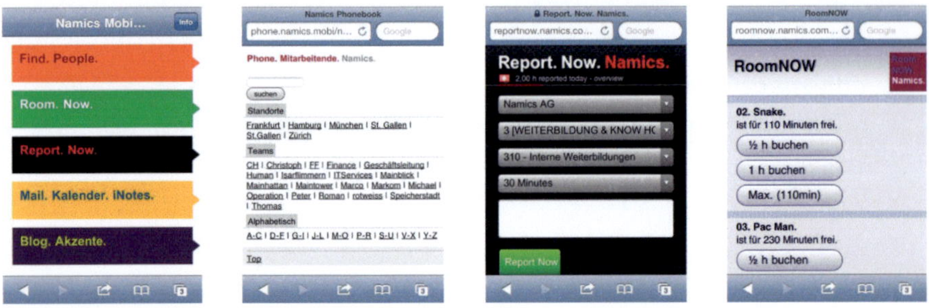

Abb. 2-5: Screenshots der Namics App

2.2.2 Organisatorische Verankerung des Themas Mobile im Unternehmen

Eine spannende Frage auf strategischer Ebene ist, wie das Thema Mobile Business in Unternehmen generell positioniert ist. Jedes Unternehmen ist hier eigen bezüglich der Organisation. Oft nehmen mobile Projekte den Charakter von eigenständigen Business Units an oder Projekte werden in Linienfunktionen übergeben. Nichtsdestotrotz wurden in der Studie drei typische Organisationstypen für Mobile Business identifiziert, die in Abb. 2-6 beispielhaft abgebildet sind und im Weiteren erklärt werden.

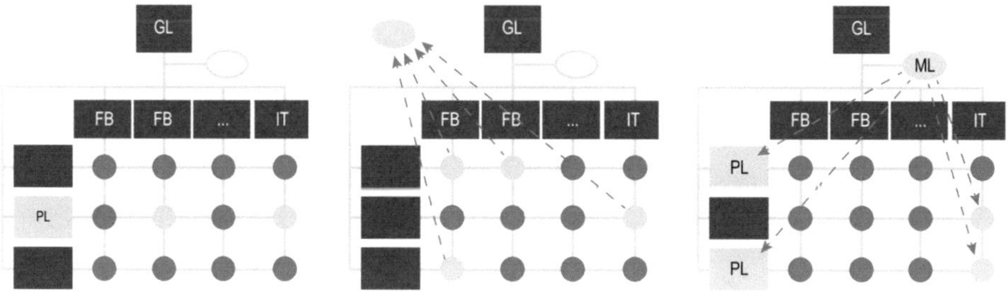

Abb. 2-6: Organisationsstrukturen für MBS

MBS als Projekt organisiert

Die häufigste Form der organisatorischen Aufhängung ist, MBS im Rahmen eines abgeschlossenen Projekts entwickeln zu lassen. In einer klassischen Matrix Organisationsstruktur bietet sich das vor allem in Fachbereichsprojekten an. Im «Staffing» für das Projekt stellt der initiierende Fachbereich (in Abb. 2-6 mit FB abgekürzt) meist den Projektleiter. Das Projektteam wird aus Mitarbeitenden des initiierenden und eventuell eines weiteren Fachbereichs sowie durch Supportbereiche (z.B. IT-, Kommunikations- und Rechtsabteilung) zusammengesetzt. Nach Abschluss des Projekts wird die entwickelte MBS meist in eine Linientätigkeit beim FB und der IT zum Hosting übergeben.

Einen beispielhaften Ansatz für die Zusammenstellung der Mitarbeitenden bei MBS-Projekten stellte die Schweizer Bank Credit Suisse, die bereits mehrere Mobile-Projekte erfolgreich umgesetzt hat. Innovationsleiter Heinz Süess beschreibt das Staffing wie folgt:

▶ STATEMENT AUS DER PRAXIS

«Wir haben für die Mobile-Projekte aus dem Steering Committee heraus eine klare Guideline: In jedem Projekt müssen zwingend die zuständige Bank-Fachabteilung, z.B. Kundenberatung, die für den Anwendungsbereich verantwortliche IT sowie Vertreter der Fachstellen Sicherheit, Risk Management und der Rechtsabteilung einbezogen sein. Gerade die letzteren dürfen nicht vergessen werden. Es ist für uns als Schweizer Bank von größter Wichtigkeit, in jedem Fall alle Regularien und Gesetze einzuhalten. Dies gilt auch – in ganz besonderem Maß – für die neue Technologie der mobilen Anwendungen, bei der sich teilweise neue Problemstellungen ergeben und bei denen unter Umständen auch noch verschiedene Jurisdiktionen zu berücksichtigen sind.»

Heinz Süess, Leiter Innovation Factory, Credit Suisse

Lose unternehmensweite Organisation

Neben der projektweisen Organisation des Mobile Business haben sich vereinzelt lose Verbindungen in Unternehmen etabliert. Diese nennen sich z.B. Arbeitskreis, Fachgruppe oder Mobile Round Table und dienen zunächst dem internen Erfahrungsaustausch. Um solch eine Fachgruppe im Unternehmen zu etablieren, braucht es die nötigen Voraussetzungen:

- Mögliche Teilnehmer und Interessenten müssen identifiziert werden.

- Der FB-Leiter muss seine Mitarbeitenden für eine gewisse Zeit pro Woche/Monat unentgeltlich freistellen.
- Ein Mitarbeiter muss freiwillig die Treffen organisieren (via E-Mail einladen, einen Raum buchen etc.).
- evtl. braucht der Arbeitskreis ein gewisses Budget (z.B. um Gastredner etc. einzuladen).

Viele der Punkte müssen von Fall zu Fall diskutiert werden. Gerade in Großunternehmen ist nicht immer klar, welcher FB denn ebenfalls eine MBS entwickelt, das Thema gerade prüft etc. Oft bedarf es des Word-of-Mouth-Marketings, bis sich ein Arbeitskreis etabliert hat. Ist eine solche Gruppe gebildet, bietet sie einen sehr guten Nährboden für zukünftige erfolgreiche MBS-Projekte. In der Studie konnten zwei solche unternehmensinterne Fachgruppen identifiziert werden, nämlich der Mobile Round Table im Lufthansa Konzern und die Mobile Ergo Community bei der ITErgo.

STATEMENTS AUS DER PRAXIS

«Der Mobile Round Table trifft sich konzernübergreifend circa alle zwei Monate. Es besteht kein Zwang. Wir tauschen uns über Technologie und Projekterfahrungen aus. Man kommt über Mund-zu-Mund-Propaganda herein und er ist kein offizielles Aufsichtsgremium. Es gibt immer mehr Abteilungen, die auch «was mit Mobile» machen, und die mit eingebunden werden sollten.»
Stefanie Heucke, IT Management Mobile Services, Lufthansa

«Die Mobile Ergo Community ist eher eine Arbeitsgruppe oder Interessengemeinschaft, aber keine Instanz mit Entscheidungsbefugnis. Wir entwickeln Leitplanken im Bereich Mobile für den ganzen Konzern, daher haben wir häufig Projektbezug. Wir haben ca. 30 bis

40 Leute in dem Verteiler und regelmäßig 15 bei den Treffen. Jeder ist eingeladen. Unser Ziel ist zunächst der regelmäßige Austausch, aber es konnten auch schon Mobile-Projekte aus der Gruppe heraus initiiert werden. Das heißt, Abteilungen, die «mal was mit Mobile machen wollen», kommen zu den Treffen und bekommen quasi eine kostenlose Erstberatung.»
Sebastian Pitzler,Referent IT-Strategie, ITErgo

Strategische Aufhängung

Die aktuell seltenste, aber von den meisten Unternehmen angestrebte Form, ist eine konzern- bzw. unternehmensübergreifende strategische Positionierung des Themas Mobile in Form einer Rolle oder Stelle. Generell wird das Thema Mobile meist beim CIO angesiedelt, allerdings wurde im Rahmen der Studie kaum von einer Mobile-Abteilung, einem «Fachbereich Mobile» oder einer Sub-Abteilung in der IT-Abteilung berichtet. Oft geht dies mit Aussagen der Unternehmensvertreter einher, dass bisher keine unternehmensübergreifende Mobile-Strategie niedergeschrieben wurde. Meist werden ähnliche Aspekte (wie zum Beispiel die technische Basis, das Betriebssystem oder das in der MBS zu verwendende Corporate Design) von Projekt zu Projekt neu entschieden. Die einzelnen MBS stehen für sich am Ende dann solide da, aber übergreifend ergeben sie kein einheitliches Bild, zudem wird offensichtliches Synergiepotenzial nicht genutzt.
Von ersten Ansätzen für eine strategische Positionierung des Themas Mobile können die Schweizer Bank PostFinance und die Audi AG berichten. Roland Greber, Programmleiter Mobile bei PostFinance, beschreibt seine Aufgabe wie folgt:

▶ STATEMENT AUS DER PRAXIS

«Als Kompetenzzentrum Stabsstelle Mobile sind wir für die Vereinheitlichung aller Mobile-Aktivitäten im Geschäftsbereich PostFinance Konzern zuständig. Wir haben Entscheidungsgewalt und sind mit Budget ausgestattet und können dadurch also Projekte initiieren und finanzieren. Heute wird jeder Projektleiter eines Mobile-Projekts von uns fachlich geführt quer-informiert; dazu haben wir eine projektübergreifende Arbeitsgruppe Mobile und für alle Mobile-Interessierten im Konzern eine Community of Practice im Intranet. Wir kennen die relevanten Stellen in der eigenen IT und haben gute Verbindungen zu diversen externen Partnern. Nach oben berichten wir an ein Sounding Board, um den Einklang von Mobile-Strategie mit der Geschäftsbereichs- und Konzernstrategie zu gewährleisten.»

Roland Greber, Programmleiter Mobile bei PostFinance

Abb. 2-7 illustriert die PostFinance Berater-App und PostFinance Mobile Banking App (Stand 2012).

Abb. 2-7: PostFinance Berater-App und PostFinance Mobile Banking App

Die Idee hinter dem Mobile Portfolio der PostFinance (siehe Abb. 2-7) ist ein Angebot «aus einem Guss», egal ob der Anwender ein eigener Kundenberater (links) oder ein Endkunde mit dem Wunsch nach Mobile Banking (Screenshots Mitte und rechts) ist. Auch der Blick auf die Mitarbeitenden zeigt, dass dort klare Verhältnisse der Verantwortlichkeiten im Bereich Mobile gewünscht sind. In der im Kapitel 1.3 «Datengrundlage» bereits erwähnten Online-Umfrage ist hier eine klare Tendenz zu erkennen: Insgesamt 42 Prozent stufen das Thema als wichtig oder essenziell ein (siehe Abb. 2-8).

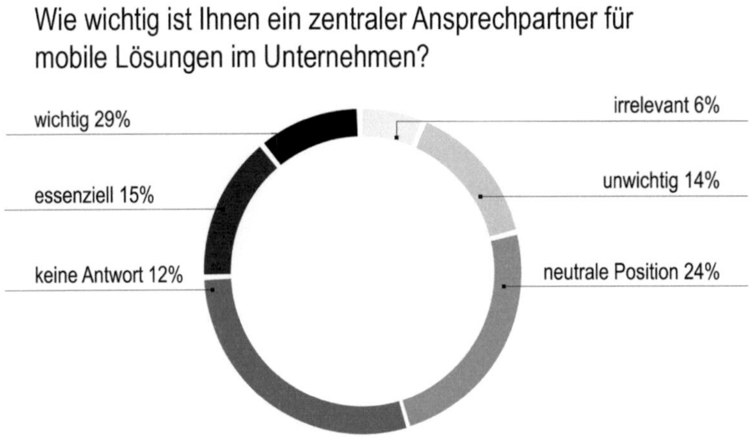

Abb. 2-8: Bedeutung von zentralen Ansprechpartnern für Mobile

2.2.3 Nutzenbegründung

Eng verbunden mit den beschriebenen Projekttypen ist die Nutzenbegründung von Mobile Business. Wir unterscheiden auf der höchsten Stufe zwischen quantitativem und qualitativem Nutzen.

Quantifizierbare Nutzenbegründung

Fachabteilungen müssen den quantitativen Nutzen eines Projekts oft gezwungenermaßen in Form von Business Cases belegen. Meist wird hierzu in Excel-Tabellen in standardisierter Form der ROI eines Projekts analysiert. Sind die Parameter hier auf den ersten Blick sehr einfach definiert, sind sie für die beantragende Fachabteilung oft schwer zu konkretisieren. Klassische Aspekte, welche häufig zur Quantifizierung von Projekten herangezogen werden, sind:

- Kürzere Prozessdurchlaufzeiten oder eine erhöhte Anzahl an Durchläufen.
- Vermeidung von Medienbrüchen.
- Schnellere Reaktionszeiten, welche zu einem verbesserten und damit höherpreisigen Service-Level führen.
- Höhere Datenqualität und geringerer -pflegeaufwand durch automatische Kontextdaten (z.B. GPS).
- Skalierbarer Wartungsprozess über eine MDM Software.
- Auslagerung von Prozessen an den Kunden (Self Service).

Sind all diese Punkte zwar direkt ersichtlich, fällt die Quantifizierung oft sehr schwer, denn meist fordert sie ein komplettes Prozessverständnis. Projektanträge und Vorstandsvorlagen sind daher oft voller Schätzungen.

Einen interessanten Nebenaspekt ergab die Nachfrage nach konkret entstehenden Kosten durch Mobile-Projekte. Wir fragten: «Wie viel hat das App-Projekt (die Entwicklung der mobilen Lösung) ca. gekostet?» Falls keine Angaben gemacht werden konnten, baten wir, den Bereich einzugrenzen, also z.B. vierstellig, bis 50T €, bis 100T € oder darüber anzugeben. Unabhängig davon, ob eine qualitative oder quantitative Nutzenbegründung vorlag, wurde diese Frage im Großteil wie folgt beantwortet: «Eine App entwickeln zu lassen, ist ja gar nicht der entscheidende Kostentreiber, das bekommt man heute teilweise schon sehr preiswert hin, also z.B. im fünfstelligen Euro-Bereich. Die Entwicklung ist aber quasi nur die Spitze des Eisbergs, die entscheidenden Kostentreiber für eine Projektrechnung treten später auf. Wenn man versucht, die Projektkosten einer App auf die ersten drei Jahre hin zu berechnen, verlaufen Zeit und Kosten parallel zueinander. Nach vier Monaten ist die Lösung wahrscheinlich entwickelt, aber sie muss noch integriert werden, man muss sich eine Service- und Supportstruktur überlegen, es müssen Mitarbeitende und Ausbildende geschult werden, hierzu müssen Unterlagen und weitere Konzepte erstellt werden. Im laufenden Betrieb ist eine Lösung eventuell technisch wartungsarm, aber es wird mit an Sicherheit grenzender Wahrscheinlichkeit immer Mitarbeitende geben, die unerwartete Probleme melden und denen geholfen werden muss.» Abb. 2-9 visualisiert diese mehrfach beschriebene pyramidenförmige Kostenstruktur für Mobile-Projekte.

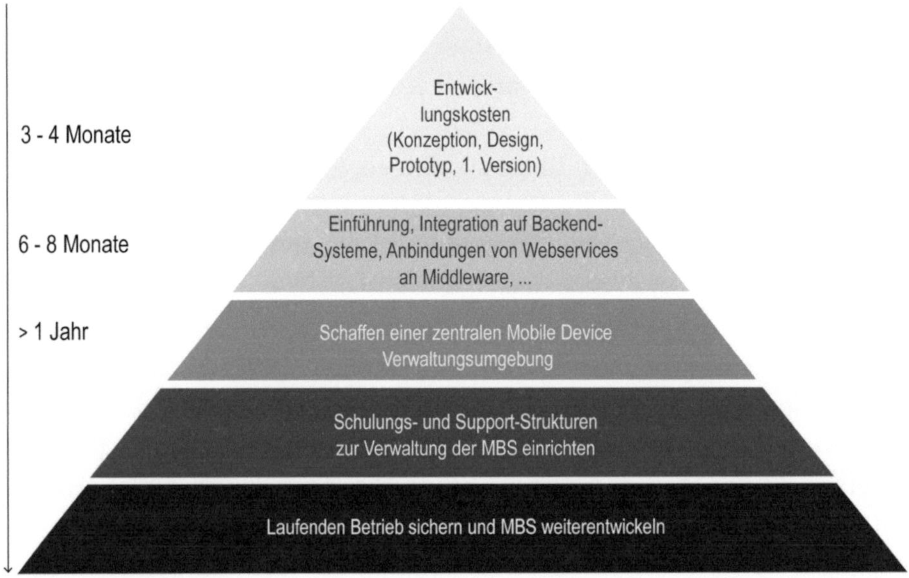

Abb. 2-9: Kostenpyramide

▶ EXKURS: DAS PROJEKT DIVA

Ein Paradebeispiel für die Quantifizierbarkeit des durch eine MBS erzielten Nutzens stellt das Projekt DIVA von Fraport und Lufthansa dar. Die Mobile-Lösung hilft sogenannten Agents, deren Aufgabe es ist, beeinträchtigte Personen am Flughafen zu betreuen. Diese Agents begleiten Personen von einem speziellen Check-in bis zum Abflug. Die Weitläufigkeit des Flughafens stellt hier die besonderen Anforderungen dar. Wo ist welcher Mitarbeitende? Wer hat welchen Gast gerade in der Betreuung? Welcher Gast erfordert welche Art der Betreuung? Die vorherige Lösung kann kurz als «papierbasiertes Auftragssystem» beschrieben werden. In DIVA sind nun alle Wege des Flughafens hinterlegt, samt Wegzeiten und Barrieren (Einbahnstraßen, Checkpoints etc.). Die Agents checken sich bei Schichtbeginn ein, erhalten ihre Aufträge, können diese abarbeiten und gleichzeitig die Prozessqualität erhöhen, z.B. über Notizen wie «sitzt im Rollstuhl». Durch die zentrale Auftragsvergabe in Form von Disponenten im Backoffice und die Anbindung an das Check-in-System konnten die Wartezeiten der Agents und deren unnötige Wegstrecken drastisch minimiert werden. Bereits im ersten Jahr nach Einführung konnten trotz höherer Kapazität 12% an Kosten eingespart werden.

Qualitative Nutzenbegründung

Der Nutzen einer MBS ist auf den ersten Blick nicht immer direkt zu erkennen. Z.B. kann meist gefragt werden, warum ein bestimmter Service ebenfalls mobil verfügbar sein muss, obwohl es ihn bereits online oder gar in einer Offline-Variante gibt. Ein typisches Beispiel stellen hier Dashboard-Lösungen auf iPads dar, über die Unternehmens- oder Kundenkennzahlen übersichtlich aufbereitet werden. Die Nutzenbegründung, die der Investitionsentscheidung pro MBS in diesen Fällen zugrunde liegt, ist in den meisten Fällen qualitativer Natur. Punkte, die in der Begründung solcher MBS-Projekte angeführt werden, sind:

- Professionelles Auftreten gegenüber Partnern und Kunden.
- Die Positionierung als Technologieführer oder State-of-the-Art in der Arbeitsweise zu sein.
- Eine generelle Erhöhung der Informationsqualität.
- Verbesserung der Prozessqualität, indem man mit dem Prozess zum Kunden kommt.
- Erhöhte Mitarbeiterzufriedenheit oder Motivation der Mitarbeitenden durch neue Hardware.
- Schaffen einer neuen Arbeitsatmosphäre, einer offeneren Kommunikationskultur.

▶ EXKURS: QUALITATIVER NUTZEN BEI HR-LÖSUNGEN

Die qualitative Nutzenbegründung ist oft schwer greifbar, denn es fehlt der direkte Bezug zum ROI. Dennoch sind sie im Bereich MBS oft hochrelevant. Beispielhaft sollten hier HR-Lösungen genannt werden, die mittlerweile auch von großen Systemhäusern [SAP, 2011a] für Tablets angeboten werden. Die Begründung erfolgt hier darüber, dass es für HR-Mitarbeitende nun einfach ist, zu den Mitarbeitenden zu kommen, also beispielsweise in eine Produktionshalle. In Folge dessen entsteht eine bessere Gesprächsatmosphäre, da sich Mitarbeitende in ihrer gewohnten Umgebung befinden, der HR-Mitarbeitende sich nicht hinter einem Laptop «verstecken» kann und Prozesse wie Kursanmeldungen und Einkleidung direkt angestoßen werden können. Auch gewinnt der Mitarbeitende dadurch an Produktivität, denn da der HR-Mitarbeitende zu ihm kommt, spart er Zeit.

In unserer Online-Umfrage zeigt sich jedoch, dass viele der seit Neuestem auch mobil unterstützten Tätigkeiten (wie z.B. mobile CRM, mobile Business Intelligence oder mobile Office) von den Anwendern selbst gar nicht als «mobile Must-have» wahrgenommen werden.

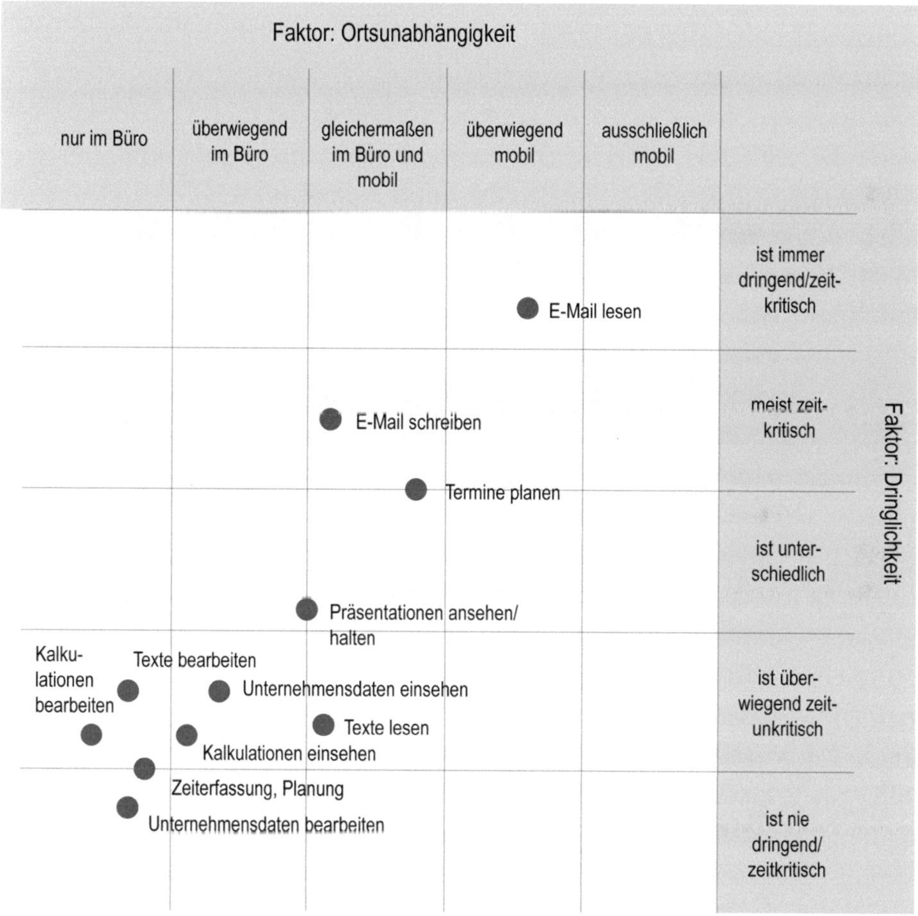

Abb. 2-10: Ortsabhängigkeit und Dringlichkeit von 11 Tätigkeiten, n=287

Die Einschätzung von 14 typischen Managementtätigkeiten durch die Umfrageteilnehmer bezüglich der gewöhnlichen Dringlichkeit und der gewünschten Ortsunabhängigkeit dieser Tätigkeiten ist in Abb. 2-10 dargestellt.

Hierbei zeigt sich, dass es vor allem die Organisationsklassiker (Mail, Kalender) sind, die nach dem heutigen Stand mobil unterstützt werden müssen. Aktuelle Hype-Themen, wie z.B. Mobile CRM (Einblick in Kunden- und Unternehmensdaten von unterwegs) werden zurzeit eher noch als klassische Bürotätigkeiten wahrgenommen, die zudem als wenig dringlich angesehen werden. Im Umkehrschluss zeigt dies, dass man auch hier keinen direkt quantifizierbaren Nutzenzuwachs erwartet. Werden die Tätigkeiten trotzdem mobil angeboten, bedeutet dies eher einen Qualitätszuwachs.

2.2.4 Ziele von Mobile Business im Unternehmen

Im Rahmen unserer Studie wurden weiterhin die folgenden zwei Fragen gestellt: «Welche Ziele haben Sie mit der Einführung verfolgt?» und «Welches Potenzial sehen Sie?».

In der Beantwortung dieser Fragen konnten wir vier generische Ziele entdecken, welche Unternehmen mit der Nutzung von Mobile Business letztlich verfolgen. Mobile Business dient im Kern der Effizienz der eigenen Mitarbeitenden. Dies trifft in einem Großteil der Fälle zu, in denen auch der Nutzen quantifiziert wird. Oft geht es bei der Einführung der MBS auch um die Zufriedenheit der eigenen Mitarbeitenden. Die Idee ist hier, dass Mitarbeitenden moderne mobile Endgeräte und eine damit einhergehende Erleichterung des Arbeitsalltags zu schätzen wissen, was Qualitäts- oder Produktivitätssteigerungen zur Folge hat. Externe Ziele verfolgen Unternehmen dann, wenn sie MBS mit Kundenkontakt einsetzen. Jedoch kann auch hier eine Unterscheidung in pure Umsatzziele (wie z.B. Kundengewinnung, gemessen durch Leads, Conversion Rates oder die Anzahl von Vertragsabschlüssen) und eher qualitative Ziele, wie eine erhöhte Kundenzufriedenheit (welche natürlich ebenfalls zu Umsatzsteigerungen führen kann), erfolgen. Abb. 2-11 zeigt diese Ziele schematisch.

Abb. 2-11: Ziele von Mobile Business im Unternehmen

Mit einer MBS können durchaus mehrere dieser Ziele gleichzeitig verfolgt werden. In der Studie zeigt sich dies vor allem bei Innovationsprojekten in der Finanzbranche. Banken und Versicherungen stellen ihren Beratern zunehmend Tablet-Lösungen zur Seite, mittels derer der Beratungsprozess strukturiert und optimiert wird, wo also Mitarbeitereffizienz ein klares Ziel ist. Dennoch werden durch die MBS zumeist nicht direkt quantitative (z.B. mehr Abschlüsse), sondern stark die qualitativen Ziele der Mitarbeiter- und Kundenzufriedenheit verfolgt. Mitarbeiterzufriedenheit begründet sich im genannten Beispiel meist aus der Informationsverfügbarkeit, die sich in einer Kundenzufriedenheit widerspiegeln soll. Letztlich geht es darum, dass sich der Kunde gut beraten fühlt. Diese Einstellung wurde auch in zwei Fallstudien, die nicht aus der Finanzbranche stammen, gut deutlich gemacht, nämlich vom Österreichischen Lichtlösungsanbieter Zumtobel sowie vom Messeveranstalter Deutsche Messe Hannover.

▸ STATEMENTS AUS DER PRAXIS

«Der Trend ist absehbar, es geht für uns klar in die Richtung digitaler Kundenbeziehungen. Mobile CRMs sind auch nur eine Frage der Zeit. Unsere Sales Leute brauchen einfach direkt mehr Informationen an Ort und Stelle. Für eine eigene MBS braucht man hier natürlich eine kritische Masse an Anwendern. Die möchten vorher aber vom Nutzen der MBS überzeugt werden. Hier hat man also ein Henne-Ei-Problem. Aber auch ohne eine spezielle Zumtobel Lösung können wir mit dem Tablet alleine bereits mehrere Ziele verfolgen. Es ist im Kundengespräch das angenehmere Gerät, da fühlen sich unsere eigenen Mitarbeitenden wohler. Man hat schnell und einfach Zugriff auf alle unsere Produktbroschüren oder Webseiten, ist generell in 10 Sekunden einsatzfertig. Das allein erhöht die Beratungsqualität schon enorm. Zudem präsentieren wir uns damit auch gegenüber unseren Kunden als offenes und modernes Unternehmen. Klar läuft es überall dort, wo wir in Office-Lösungen hineingehen, schlechter, aber das ist nicht das Ziel, was wir mit dem Gerät verfolgen.»
Franz Domig, Leiter E-Marketing, Zumtobel, zum Thema iPad für Sales

«Direkte Umsatzziele stehen bei der Entwicklung der Apps nicht im Vordergrund. Wir stehen heute vor allem vor der Aufgabe, dass wir Apps aus einem Guss anbieten müssen. Es gibt Messen (wie z.B. die CeBIT), bei der moderne IT-Themen auch inhaltlich eine Rolle spielen und daher auch von der Messe angeboten werden. Unser Ziel ist

es, einen bestmöglichen Service für unsere Kunden (Aussteller, Besucher, Presse) anzubieten. Dazu gehören auch Mobile Anwendungen, z.B. um sich optimal auf die Messe vorzubereiten bzw. sich auf ihr zurechtzufinden. Dieses Angebot wird auf den Veranstaltungen unterschiedlich genutzt. Die Möglichkeit, Aussteller und Produkte zu finden, zu speichern, persönliche Merklisten anzulegen, den gesamten Messebesuch zu planen und grafisch anzeigen zu lassen, all das ist nicht direkt mit einem Umsatzziel verbunden, hier geht es auch um die Qualität des Angebots.»
Michael Bouda, Leiter IT, Deutsche Messe Hannover

Interessant ist an dieser Stelle der Vergleich mit der Einschätzung der Potenziale mobiler Lösungen durch die Mitarbeitenden. Hierbei zeigt sich zunächst, dass Mitarbeitende grundsätzlich von einer Potenzialsteigerung durch den Einsatz mobiler Lösungen überzeugt sind. 82% sehen Apps als produktivitätssteigernden Faktor ihres momentanen Arbeitsalltages, also einen klar quantifizierten Nutzenzuwachs. Die Nachfrage, ob es sich hierbei um MBS handelt, die durch den Arbeitgeber bereitgestellt werden, wird jedoch nur von 42% der Antwortenden mit Ja beantwortet. Die offensichtlichen Nutzenzuwächse werden also aus Sicht der Anwender derzeit über privat bezogene Apps und nicht über MBS erzielt (vgl. Abb. 2-12). Bei der Differenzierung nach diversen Produktivitätszielen zeigen sich weitere Tendenzen. Die Potenzialeinschätzung zeigt, dass der Fokus einer MBS nicht auf dem mobilen Aspekt (also z.B. einem Termin bei Kunden) liegen muss. Produktivitätspotenziale werden stärker mit dem Ziel der individuellen Effizienz verknüpft. Z.B. wird der Selbstorganisation im beruflichen Alltag ein deutlich höheres Potenzial zugesprochen als beispielsweise Kollaborationszielen oder der Unterstützung des Termins vor Ort.

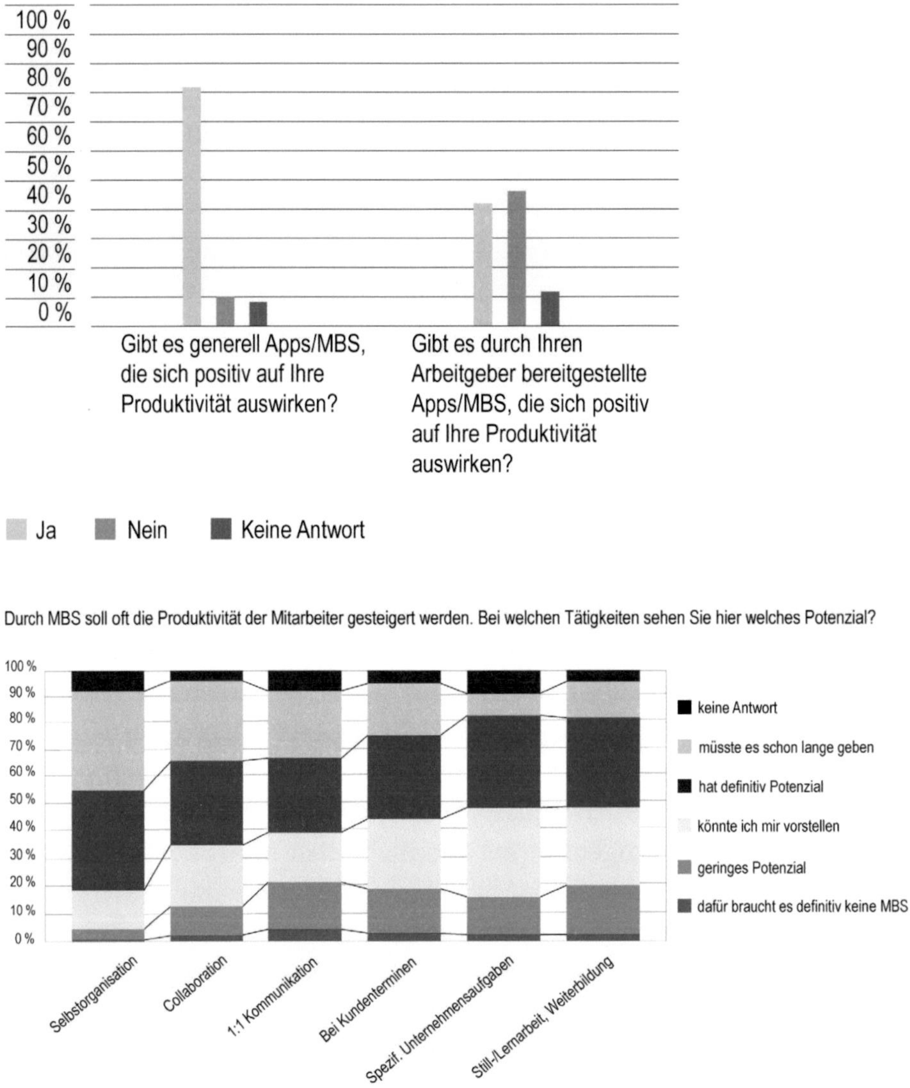

Abb. 2-12: MBS-Potenziale (n=287)

Im Weiteren zeigt sich, dass Anwender nicht zwingend spezielle unternehmenseigene MBS verlangen, die bekannten Varianten aus den App Stores tun es auch. In Kombination mit der generellen Einschätzung von MBS als produktivitätssteigernd kann geschlussfolgert werden, dass Anwender heute zufrieden sind, falls sie mit den Mitteln arbeiten dürfen, die sie sich auch im Privaten ausgewählt haben.

2.3 Fallbeispiel: Audi App Center

Auch wenn eine ganzheitliche Mobile-Business-Strategie in der Praxis oft noch nicht umgesetzt ist, gibt es einige Unternehmen, die in diesem Bereich zum Zeitpunkt unserer Untersuchung schon deutlich weiter waren als der Durchschnitt. Ein solches Beispiel ist das Audi App Center.

Die AUDI AG mit Sitz in Ingolstadt ist ein deutscher Automobilhersteller, der dem Volkswagen-Konzern angehört. Das folgende Interview wurde mit Dr. Stefan Scholer, strategische Unternehmensplanung, und Barbara Sichler, Audi App Center, geführt und von Frau Prof. Dr. Andrea Back aufgezeichnet.

▸ STATEMENTS AUS DER PRAXIS

Unternehmen und Kontext

Dr. Stefan Scholer (SS) ist schon länger bei Audi, derzeit in der strategischen Unternehmensplanung, und hat sich schon immer besonders für Informationstechnik interessiert.

Barbara Sichler (BS) ist bei der Audi-IT verantwortlich für das Audi App Center, das sich mit mobilen Applikationen beschäftigt.

Ausgangslage und Herausforderung

Prof. Andrea Back (AB): Was heißt strategische Verankerung von Mobile? Wie ist es zu einer Strategie für Mobile gekommen?

SS: Es ist über das Thema Technologie von außen initiiert worden, über den Consumer-Bereich mit den iPhones zum Beispiel. Einzelne Bereiche haben damit begonnen, sich mit dem Thema Mobile auseinanderzusetzen. Die Mitarbeiter wollten die Geräte dann natürlich auch für interne und externe Applikationen einsetzen. In diesen beiden Bereichen sind die ersten Apps entstanden. Der Finanzbereich realisierte zum Beispiel den Geschäftsbericht als App. Gleichzeitig begannen die Kollegen aus dem Marketing, die ersten Spiele für mobile Geräte zu entwickeln. Auch andere Unternehmensbereiche haben das Potenzial erkannt. In diesem Kontext haben wir uns überlegt, wie wir das als Unternehmen stärker nutzen können, wie wir uns dazu organisatorisch aufstellen, wie wir koordinieren sollen und wie unsere Mobile-Strategie aussehen soll. Auf diesem Weg haben wir uns aus einer strategischen Perspektive mit dem Thema Mobile auseinandergesetzt, um die Anwendungen für uns und auch unsere Kunden effektiv und effizient einsetzen zu können.

AB: Nach Lehrbuch sollten Unternehmen bei solchen neuen Themen doch eine Strategie ausformulieren, bevor man zu handeln beginnt?

SS: Gerade in diesen Themen liegt sehr viel im Ausprobieren und in der Spontaneität. Es gilt genau zu definieren, welche Berührungspunkte mit dieser neuen Technologie überhaupt bestehen. Schließlich ist Mobile ja nicht unser Kerngeschäft – wir stellen Autos her. Mobile hilft uns in der Kommunikation, in der Interaktion mit Kunden und zwischen Fachbereichen sowie in internen Themen. Am Anfang ist viel Trial-and-Error, und diese Spontaneität muss man letztendlich zulassen. Wenn die Entwicklung dann eine Dimension annimmt, die für das Unternehmen geschäftsrelevant wird, dann müssen wir den nächsten Schritt gehen und eine klare Strategie ausarbeiten.

Entscheidung und Lösung

AB: Heute gibt es das App Center und Ihre Position, Frau Sichler. Was war denn der Auslöser, wie ist das Audi App Center entstanden?
BS: Wir haben in der IT die Mobile-Entwicklung sehr früh erkannt. Das Smartphone an sich war eine Herausforderung für uns, etwas Spannendes, etwas Neues. Wir haben Mitarbeiter und Kunden, die sehr IT-affin sind und die es im privaten Umfeld gewohnt sind, sehr leicht auf Informationen zuzugreifen. Wir haben daher bald bemerkt, dass wir die Aktivitäten konsolidierter und gesteuerter angehen müssen, wie wir die Geräte in die IT-Architektur integrieren. Wir haben starke Partner, wie die Abteilungen Datenschutz und IT-Sicherheit, aber auch die Corporate-Identity-Abteilung, welche die Audi-Apps nach außen erkennbar gestaltet. Um diese Bereiche und Aktivitäten zu koordinieren, wurde vor rund drei Jahren das Audi App Center innerhalb der Audi-IT gegründet.

AB: Wer hat das entschieden?
BS: Wir haben Entscheidungsvorlagen bei unserem Chief Information Office eingereicht, der das dann maßgeblich unterstützt hat.

AB: Gab es Widerstände – außer den Sicherheitsthemen, z.B. dass andere die Führung hätten übernehmen wollen?
BS: Mit Sicherheit gab es und gibt es starke Partner innerhalb der AUDI AG, das halte ich auch für ganz wichtig. Nicht nur innerhalb der IT entstehen Apps. Die Kernaufgabe der IT ist, einheitliche Rahmenbedingungen zu schaffen, sowohl technisch als auch organisatorisch. Der Fokus unserer Partner ist etwas anders gelagert, nämlich

fachlich-inhaltlich und unserer ist eben prozessual technisch-organisatorisch.

AB: Wie würden Sie Ihre Rolle beschreiben, Ihre alltäglichen Aufgaben und auch Projekte?
BS: Eine unserer Aufgaben ist, als Dienstleister der Audi-IT gegenüber unseren Fachbereichen aufzutreten. Wir stehen auch für das Motto «Visionen werden Apps». Die Fachbereiche kommen zu uns mit ihren fachlichen Ideen und Anforderungen. Wir übernehmen für sie die Konzeption, das Design, die Entwicklung und das Testen der App und schließlich das Deployment und den ganzen Life Cycle.

AB: Können Sie Beispiele nennen?
BS: Ein Thema ist z.B. die Audi Approval App. Wir wollen damit mobiles Genehmigen in einer zentralen App vereinheitlichen, d.h. die Führungskräfte haben die Möglichkeit, alle Genehmigungsvorgänge in ihrer Geschäftstätigkeit in dieser App umzusetzen. Wir haben bereits Ende 2012 einen ersten Piloten im Bereich Beschaffung erfolgreich abgeschlossen und binden jetzt sukzessive weitere Systeme an. Hierbei haben wir das gesamte Projekt IT-seitig gesteuert, haben die App designed, haben uns überlegt, was Endbenutzer erwarten, haben die technische Umsetzung in Form der Entwicklung und des Testings geleistet und sind dabei, das weiter auszubauen.

AB: Kommt auch das Thema auf, dass Apps nur Spielerei seien?
BS: Ich habe gute Beispiele innerhalb der AUDI AG, wo wir einen Business Case hinter den geplanten Apps haben. Sie müssen natürlich unterscheiden: Richtung Kunden gibt es verschiedene Facetten. Zum einen mit connect bezogene Apps, welche Mehrwert-Services verbunden mit dem Fahrzeug ermöglichen. Zum anderen haben wir

die Welt des Marketings: dort wollen wir unsere Marke und Produkte in einem innovativen Format darstellen. Mit mobilen Endgeräten lösen wir zudem innerhalb der AUDI AG Papierprozesse ab, sparen Kosten und lassen Mitarbeiter ihre Projekte effizienter umsetzen.
SS: Wenn sich alles nur an einem Standort bewegen würde, dann könnte ich vielleicht zu Recht die Frage stellen: Muss das alles auch mobil sein? Wir sind heute schon an verschiedenen Standorten unterwegs, wir werden stärker internationalisieren, die Leute werden vermehrt reisen müssen und sind stärker verteilt, d.h. ich brauche solche Mobile-Anwendungen auch im Sinne von Effizienzsteigerungen aus der Unternehmensperspektive heraus. Wir haben unterschiedliche Zeitzonen zu überbrücken. Ich brauche die mobilen Applikationen, um mein Tagesgeschäft erledigen zu können. Deshalb sind mobile Applikationen und eine Stelle notwendig, wie diese in der IT, die es schafft, in diesem großen Netzwerk effektive Lösungen zu gestalten. Wenn ich beispielsweise in China unterwegs bin, möchte ich mobil arbeiten können. Das bedeutet, ich möchte meine Aufgabe auch aus der Ferne abarbeiten können und nicht erst, wenn ich zurückkomme. Hier ist die Integration in die bestehende IT-Landschaft ein Erfolgsfaktor. Zur Frage der Rolle des App Centers noch dies: Das Thema Qualität ist für uns absolut zentral. Wir wollen den hohen Standard gegenüber Mitarbeitern und Kunden gleichermaßen leben. Dies gelingt nur mit intelligenten Apps.
BS: Governance ist das Stichwort. Es gilt dabei, einheitliche Rahmenbedingungen zu schaffen. Damit ist auch unsere Rolle als Katalysator verbunden, um den Fachbereichen zu ermöglichen, auf ihre Daten zuzugreifen, egal ob sie in China, Mexiko oder Ingolstadt sind. All dies soll nach Datenschutz- und internen Sicherheitsrichtlinien ermöglicht werden.

SS: Wir reden über andere Arbeitsformen. Da ist das Audi App Center der Inkubator und Katalysator.
BS: Das merken wir auch im Hinblick auf Generation Y. Bei Audi haben wir immer mehr Mitarbeiter, die eine andere Erwartungshaltung haben, was den Zugriff auf Informationen und an die Usability anbelangt. Das stellt uns in der IT vor Herausforderungen. Es geht nicht mehr nur um Funktionen, die komplexe Systeme abbilden, sondern um die Einfachheit, und das in sicherer Form.

AB: Können wir die Aufgabenteilung in der Projektzusammenarbeit mit den Fachbereichen noch genauer anschauen?
BS: Die Rolle der IT, das erleben wir immer mehr, ist nicht mehr klassisch nur IT. Im Marketing und Vertrieb haben wir z.B. Fachbereiche mit viel IT-Erfahrung, und auch in der technischen Entwicklung die Fahrzeug-IT. Das Thema Mobile soll nicht nur an einer zentralen Stelle gelebt und gebaut werden, sondern überall im Unternehmen. Alle Bereiche sollen sich damit beschäftigen, damit die guten und innovativen Ideen zusammenkommen. Wir wollen diesen Austausch möglich machen. Es geht darum, Rahmenbedingungen und Standards zu schaffen und Bereiche zu vernetzen. Ein wichtiger Aspekt ist dabei auch, dass wir eine zentrale Roadmap mit allen App-Projekten bei Audi haben, sowohl was die Fahrzeuge angeht als auch in Richtung Öffentlichkeit, Kunden und Mitarbeiter.

AB: Gibt es Apps, die bereits wieder verschwinden, und wie muss man sich das mit der laufenden Aktualisierung vorstellen?
BS: Die App-Welt ist sehr viel dynamischer, als wir das klassisch von großen IT-Systemen gewohnt sind. Wir haben mittlerweile ein App-Portfolio, das über die dreistellige Zahl hinausgeht. Wir rechnen in der Regel mit mindestens vier Updates pro Jahr. Betriebssysteme

werden laufend aktualisiert und neue Funktionen kommen hinzu.

AB: Ist die Herausforderung der Sicherheit gelöst?
BS: Wir erleben eine sehr dynamische Entwicklung, bei der Sicherheit immer an oberster Stelle stehen muss. Es gibt verschiedene Plattformen, die teilweise neu entstehen. Apple ist sicher der bekannteste Player. Wir haben aber auch Android mit einer starken Präsenz vor allem im Public-Bereich, wir haben Blackberry, und wir haben Windows 8. Diese Komplexität wollen wir beherrschen, Sicherheit müssen wir unseren Usern garantieren.

Lessons Learned und Ausblick
BS: Wenn ich an die letzten Jahre zurückdenke, wo wir das App Center mit Leben erfüllt haben, stellen wir folgenden Erfolgsfaktor fest: Die Zusammenarbeit mit den Fachbereichen ist absolut zentral. Die Rolle der IT ändert sich stetig. Zum Beispiel stecken auch die Kollegen der technischen Entwicklung mit den Fahrzeug-Apps tief in diesen Themen. Gemeinsam gestalten wir die Rahmenbedingungen und gehen die Umsetzung an.

AB: Worin liegt die Veränderung in der Rolle der IT?
BS: Die IT war klassisch in der Rolle, die IT umzusetzen, während der Fachbereich die Anforderungen zu definieren hatte. Wir erleben nun, dass sehr viel IT in den Fachbereichen entsteht. IT im Unternehmen wird immer mehr zum Erfolgsfaktor.
SS: Mit den vielen Visionen und Ideen im Unternehmen ist es wichtig, die Expertise der Fachbereiche zu nutzen. Die Kollegen tauschen sich aus, so gewinnt jeder. Viele arbeiten an ähnlichen Themen und wenn sie das gemeinsam tun, bringt es sie schneller voran.

2.4 Reflexionsfragen

- Welche Konsequenzen können durch das Fehlen einer Mobile-Strategie entstehen und wie kann diesen Problemen jeweils begegnet werden?
- Welche Argumente sprechen für fachbereichsgetriebene Projekte und welche für Innovationsprojekte? In welchem Kontext macht welche Umsetzung Sinn?
- Was sind die Vorteile, wenn Mobile Business nur als einzelne Projekte, als lose Organisation oder strategische Abteilung behandelt wird? In welchem Kontext macht welche Umsetzung Sinn?
- Was sind die Vor- und Nachteile von einer rein quantitativen und einer rein qualitativen Nutzenbegründung?
- Wie würden Sie ein Zielerreichungssystem ausgestalten?
- Besteht die Gefahr, dass eine reine Ausrichtung der Mobile-Strategie an den Unternehmenszielen zur Vernachlässigung von Potenzial führt? Kann damit ein blinder Fleck entstehen?

2.5 Literatur

BVDW Fachgruppe Mobile (2011). Mobile Kompass 2011/2012: Das Kompendium der deutschen Mobile-Branche. Düsseldorf: BVDW.

Chen, D.Q., Mocker, M., Preston, D.S. & Teubner, A. (2010). Information Systems Strategy: Reconceptualization, Measurement, and Implications. MIS Quarterly, 34(2), (pp. 233–259).

Gadatsch, A. & Mayer, E. (2006). Masterkurs IT-Controlling. Wiesbaden: Vieweg.

Kaplan, R. S. & Norton, D. P. (1996). Balanced Scorecard. Boston: Harvard Business School Press.

Laudon, K.C., Laudon, J. P. & Schoder, D. (2009). Wirtschaftsinformatik. 2. akt. Auflage. München: Pearson Studium.

Leavitt, H. (1964). Applied organization change in industry: structural, technical and human approaches. New Perspectives in Organizational Research.

Leidner, D. E. , Lo, J. & Preston, D. (2011). An empirical investigation of the relationship of IS strategy with firm performance. The Journal of Strategic Information Systems, 20(4), (pp. 419–437).

Nolan, R.L. (2012). Ubiquitous IT: The case of the Boeing 787 and implications for strategic IT research. The Journal of Strategic Information Systems, 21(2), (pp. 91–102).

SAP (2011a). Enterprise Mobility: HR Apps. Retrieved 2013, from www.sap.com/solutions/mobility/hr-mobile-apps/index.epx.

Vogt. R. (2011). Bring your own Device. Retrieved 2013, from www.computerworld.ch/businesspraxis/artikel/bring-your-own-device-56663.

Walter, T. & Sammer, T. (2012). Mobile Business Solutions Studie 2012. Berlin: T-Systems MMS.

Hinweis

In diesem Kapitel wurden zahlreiche Passagen aus [Walter & Sammer, 2012] weitgehend wörtlich übernommen.

3 Prozesse

In diesem Kapitel erhalten Sie eine Einführung zur Theorie von Prozessen und Geschäftsprozessen. Erweitert wird die Theorie mit Exkursen und einer Betrachtung der Auswirkungen von Mobile IT auf Geschäftsprozesse in der Praxis.

Wissensziele

- Sie wissen, was ein Prozess bzw. ein Geschäftsprozess ist.
- Sie verstehen, dass Prozesse in verschiedene Prozessebenen unterteilt werden können.
- Sie kennen die wichtigsten Kennzahlen zur Prozessanalyse.
- Sie verstehen, was Kundenselbstbedienungsprozesse sind.
- Sie wissen, welchen Einfluss Mobile IT auf Geschäftsprozesse hat.
- Sie kennen Beispiele für Vorteile von Mobile IT auf Prozessebene.

3.1 Einführung Geschäftsprozesse

Behandelt die Strategie übergeordnete Fragestellungen, geht es auf der Prozessebene um konkrete Anwendungen. Generell ist ein Prozess eine logisch zusammenhängende Abfolge von Aktivitäten, die meist wiederholt durchgeführt werden. Prozesse sind damit ein zentraler Bestandteil von Organisationen. In Unternehmen werden Prozesse als Geschäftsprozesse bezeichnet. Wir verwenden die Begriffe Prozess und Geschäftsprozess allerdings als gleichwertig.

DEFINITION: GESCHÄFTSPROZESS

«Ein Geschäftsprozess ist eine Folge von logisch zusammenhängenden Aktivitäten, die für das Unternehmen einen Beitrag zur Wertschöpfung leistet, einen definierten Anfang und ein definiertes Ende hat, typischerweise wiederholt durchgeführt wird und sich in der Regel am Kunden orientiert.»
Quelle: [Laudon & Laudon, 2009].

Ein Prozess ist daher vergleichbar mit einem Projekt, unterscheidet sich aber dahingehend, dass er auf Wiederholung ausgelegt wird. Im Gegensatz dazu ist das Projekt ein einmaliges Vorhaben. Auch in den Zielen unterscheiden sich Projekte von Prozessen. Bei Projekten geht es um Veränderung («change the business») und bei Prozessen um die laufende Durchführung («run the business»).

Im Einführungskapitel haben wir die Value Chain nach Porter kennengelernt. Die Value Chain ist eine funktionelle Unterteilung des Unternehmens. Dessen Bereiche werden nach ihrer Funktion unterteilt, wie bspw. Lieferantenbeziehung, Produktion oder Kundenbeziehung. Im Gegensatz zur funktionalen Unterteilung der Value Chain orientieren sich Prozesse an einer konkreten Aufgabe und sind funktionsübergreifend. Abb. 3-1 verdeutlicht den funktionsübergreifenden Charakter eines Prozesses.

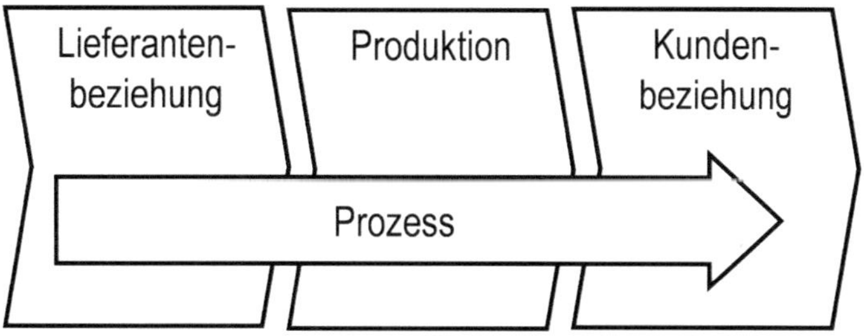

Abb. 3-1: Darstellung des funktionsübergreifenden Charakters von Prozessen

Die Unterscheidung zwischen Funktions- und Prozessorientierung ist dabei bedeutend und stellt eine Entwicklungsstufe in der Reife von Informationssystemen dar. Historisch gesehen wurden Informationssysteme anfänglich funktionsorientiert implementiert; die Vertriebsabteilung hatte ihr eigenes System genauso wie die Produktion und die Logistik. Aus diesen sogenannten «Insellösungen» hat sich das Problem ergeben, dass Informationen aus dem einen System relevant für das andere System sind, aber evtl. nicht verknüpft werden können, da die Systeme gar nicht kompatibel oder aufeinander abgestimmt sind. Diese Verknüpfung ist für eine effiziente Arbeit allerdings meist notwendig. So ist es für den Vertrieb mit Sicherheit eine wichtige Information, wie viele Artikel auf Lager sind. Auf der anderen Seite ist es auch für die Logistik essenziell zu wissen, wie die aktuelle Bestellungslage aussieht, um entsprechende Bestände aufzubauen bzw. abzubauen.

Einige Nachteile von funktionsorientierten Informationssystemen sind damit skizziert, die Nachteile sind allerdings noch viel weitreichender, bspw. in Bereichen wie dem Service und der Wartung. Generell gilt in der Praxis der Grundsatz, Insellösungen unbedingt zu vermeiden.

Eine etablierte Lösung zu diesem Problem ist die Prozessorientierung. Hierbei wird angestrebt, dass ein Informationssystem nicht eine Abteilung bzw. eine Funktion, sondern einen gesamten Prozess unterstützt, der sich dann meist über mehrere Abteilungen hinweg erstreckt.

Die Betrachtung und Definition von Prozessen erfolgt meist auf verschiedenen Ebenen. Im Business Engineering wird nach vier Prozessebenen unterschieden, dem Makrodesign, Geschäftsprozess, Teilprozess und der Aktivität [Osl, 2011]. In der Praxis wird oftmals von einer Prozesslandkarte gesprochen. Abb. 3-2 zeigt eine beispielhafte Darstellung dieser vier Ebenen. Der Detaillierungsgrad nimmt auf jeder Ebene zu. Je mehr gewisse Teilprozesse automatisiert und von IS unterstützt werden sollen, desto detaillierter sollten die Arbeitsschritte dokumentiert (Workflow-Management) werden.

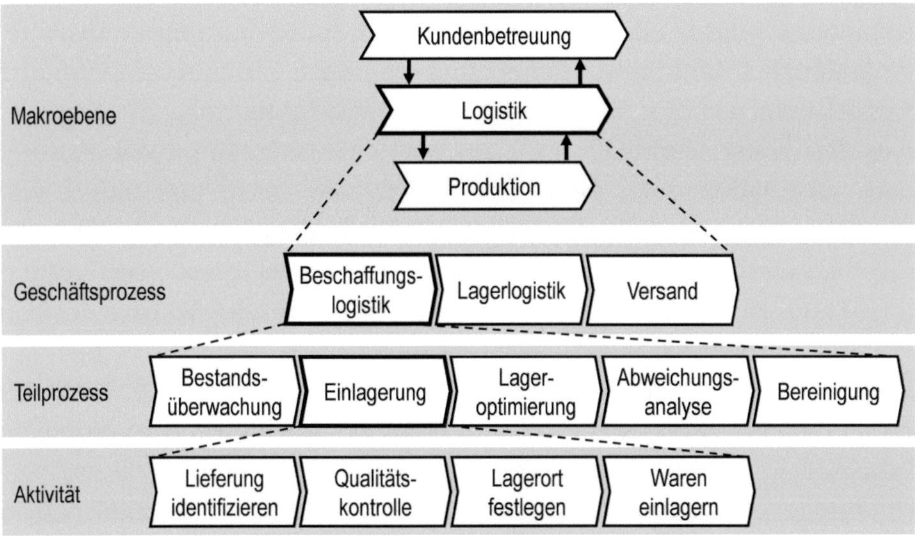

Abb. 3-2: Darstellung von verschiedenen Prozessebenen, adaptiert von [Osl, 2011]

Neben der Einteilung von Prozessen nach Ebenen wird in der Praxis auch von Prozesstypen gesprochen. Die Unterteilung nach Prozesstypen wird im folgenden Unterkapitel im Zusammenhang mit Praxisbeispielen behandelt.

EXKURS: CRM-PROZESSE NACH [PAYNE & FROW, 2005]

Auch ganze Systeme, wie bspw. ein Customer-Relationship-Management-System (CRM-System), lassen sich in einzelne Prozesse herunterbrechen. Die Identifizierung von Prozessen, die zusammen ein System ausmachen, ist ein hilfreicher Schritt, um ein System zu verstehen und Optimierungspotenzial zu erkennen. Payne & Frow (2005) beschreiben ein CRM-System so als fünf Prozesse: Strategieentwicklungsprozess, Value-Creation-Prozess, Multichannel-Integrationsprozess, Informationsmanagementprozess und Controlling-Prozess. Derartige Prozessansichten können nun bspw. verwendet werden, um zu evaluieren und zu planen, in welchen Bereichen eines CRM der Einsatz von Media Tablets sinnvoll ist. Das prozessorientierte CRM-System wird in Abb. 3-3 illustriert.

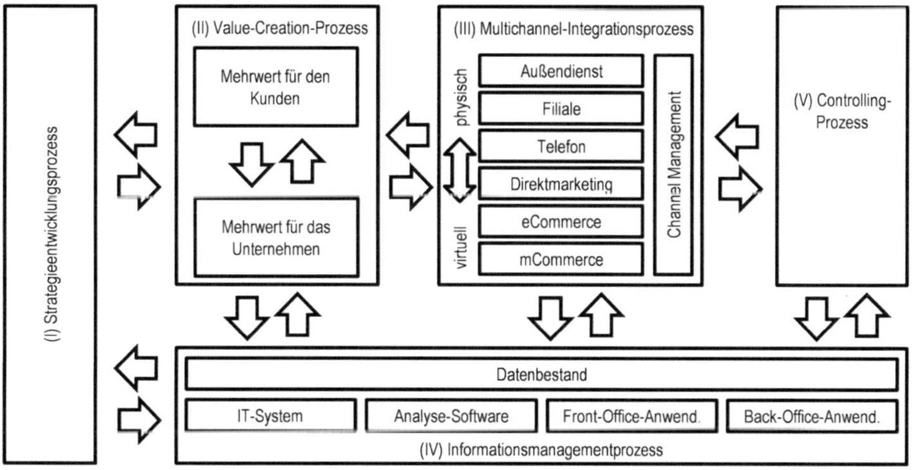

Abb. 3-3: Prozesse des CRM-Systems nach [Payne & Frow, 2005]

Auch bei mobilen Informationssystemen ist es ein wichtiger Grundsatz, sich an Geschäftsprozessen zu orientieren. Damit wird zum einen Problemen vorgebeugt, und zum anderen können auch Potenziale für die gewinnbringende Einführung von Mobile IT identifiziert werden. Diese Identifizierung kann bspw. auf Grundlage einer Prozessmodellierung passieren. Bei der Prozessmodellierung wird ein Prozess systematisch erfasst und beschrieben. Diese Beschreibung gestaltet sich meist anhand einer visuellen Notation. Es gibt eine Reihe von Notationen, die zur Visualisierung von Prozessen verwendet werden können. Je nach Detaillierungsgrad und Ziel der Visualisierung empfehlen sich andere Notationen. Bekannte sind die ereignisgesteuerte Prozesskettenmodellierung (ePK), das Flussdiagramm, das Strukturgramm oder die Use-Case-Modellierung. Viele dieser Notationen sind in übergeordneten Modellierungsansätzen, wie bspw. ARIS (Architektur integrierter Informationssysteme) oder UML (Unified Modeling Language) enthalten.

▸ EXKURS: EPK-MODELLIERUNG

Die ereignisgesteuerte Prozesskettenmodellierung (ePK) setzt sich aus den zwei Hauptbestandteilen «Ereignis» und «Aktionen» zusammen. Ein Ereignis kann dabei immer auftreten und eine Aktion auslösen. Jede Aktion hat ihrerseits dann wieder ein Ereignis zur Folge. Die Verknüpfung von Ereignissen und Aktionen kann über logische Operatoren, bspw. «und»/«oder», erfolgen.

Das folgende Beispiel verdeutlicht das Konzept anhand einer Kundenanfrage. Wenn eine Kundenanfrage über die Webseite hereinkommt, muss sie zuerst bewertet werden. Geht es um eine konkrete Anfrage für ein Angebot, um eine Bestellung von Informationsmaterial oder ist es eine Anfrage mit technischen Fragen? Je nachdem, um welche Art von Anfrage es sich handelt, wird sie an eine andere Person oder Abteilung weitergeleitet und eine entsprechende Aktion ausgelöst. Die Modellierung dieses Geschäftsprozesses ist in Abb. 3-4 dargestellt.

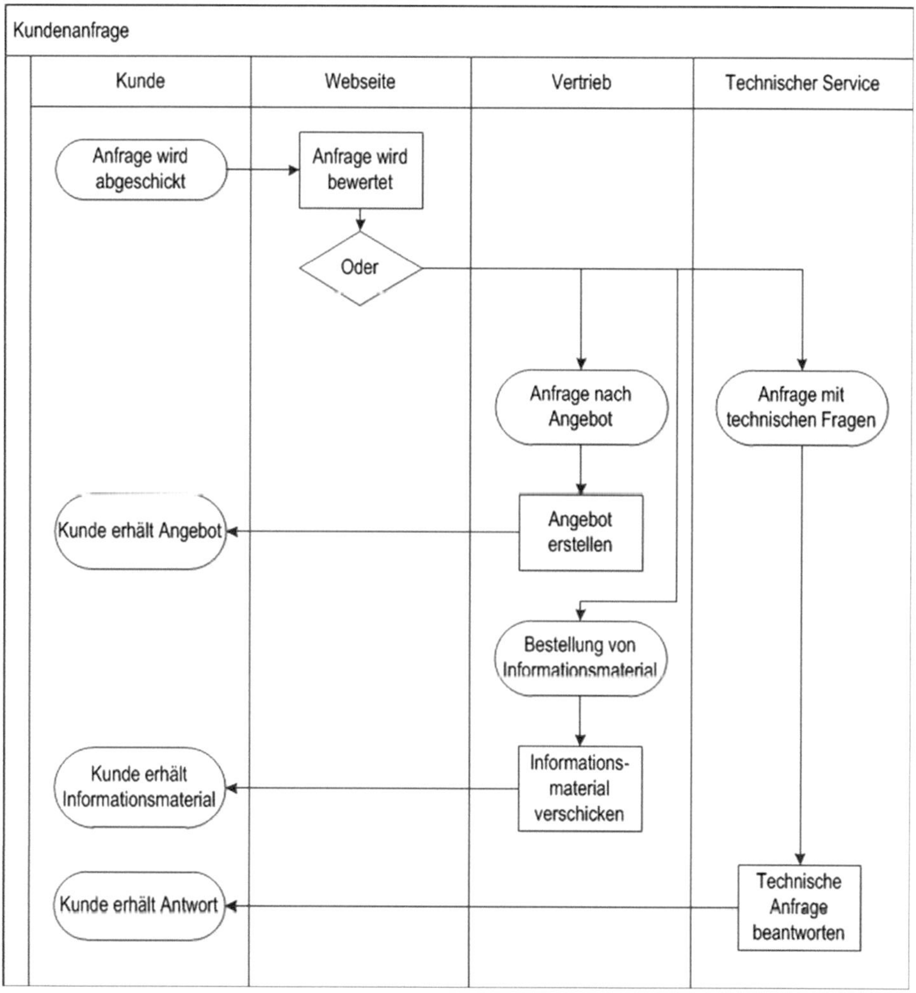

Abb. 3-4: Beispiel für eine ePK-Modellierung mit Swimlane-Darstellung einer Kundenanfrage

Ereignisse werden in dieser Darstellung als Ellipsen, Aktionen als Rechtecke und Entscheidungen als Rauten visualisiert. Zusätzlich wird in dieser Darstellung die klassische ePK um eine «Swimlane»-Darstellung erweitert. Damit ist ersichtlich, welche Instanz (bspw. eine Abteilung, Person oder ein technisches System) das jeweilige Ereignis betrifft bzw. wer die jeweilige Aktion ausführt.

Anhand von Prozessmodellierungen können quantitative Kennzahlen errechnet werden, die eine Aussage zur Effizienz des Prozesses machen. Wichtige Kennzahlen sind bspw.:

- Durchlaufzeiten: Wie lange benötigt ein durchschnittlicher Durchlauf?
- Medienbrüche: Wie viele Medienbrüche weist der Prozess auf? Ein Medienbruch ist bspw., wenn Informationen zuerst schriftlich in einem Papierformular erfasst werden, um später abgetippt und in ein digitales System eingetragen zu werden.
- Durchlaufkosten bzw. Prozesskosten: Welche Kosten fallen bei einem durchschnittlichen Durchlauf an?
- Auslastung von Maschinen: Werden die Ressourcen des Unternehmens effizient ausgelastet?
- Fehlerquoten: Wie viele Prozent an gefertigten Produkten weisen Mängel auf? Wie viele Prozent der Kundenanfragen erhalten keine zufriedenstellende Antwort?

Die quantitativen Kennzahlen beziehen sich dabei meist auf die Dimensionen Kosten, Zeit und Qualität. Dennoch sollten auch qualitative Aspekte beachtet werden, wie bspw. die Steigerung der Kundenzufriedenheit bei Supportanfragen oder die Zufriedenheit der Mitarbeitenden.

▶ EXKURS: KUNDENSELBSTBEDIENUNG BZW. CUSTOMER SELF-SERVICE

Bei Prozessen, in welchen der Kunde involviert ist, bieten Kundenselbstbedienungsprozesse teilweise weitreichende Vorteile im Vergleich zu herkömmlichen Kundenprozessen. Kundenselbstbedienungsprozesse fanden in den 80er-Jahren starke Beachtung und sind meist mit Automaten umgesetzt worden. Anstatt das Ticket für eine Zugfahrt am Schalter bei einem Bahnmitarbeitenden zu erwerben, kann das Ticket «selbst» am Geldautomaten gekauft werden. Die nächste Welle an Kundenselbstbedienung ist in den 2000er-Jahren durch das Internet aufgekommen. So können Bahntickets, Kinotickets etc. bequem am Computer von zu Hause aus gekauft werden – ohne am Schalter oder dem Automaten anzustehen. In den meisten Fällen setzt dies voraus, dass ein Computer mit Internetanschluss und Drucker zur Verfügung steht. Seit etwa 2010 ist eine dritte Welle an Selbstbedienungsprozessen erkennbar, bei denen bspw. Smartphones verwendet werden. So können Tickets jederzeit und überall am Smartphone gekauft werden und sind zudem am Smartphone vorzeigbar (der QR Code wird statt vom gedruckten Papier vom Bildschirm des Smartphones abgescannt). Der Kauf kann damit noch flexibler für den Kunden gestaltet werden.

Wie [Moon & Frei, 2000] richtig anmerken, ist es für erfolgreiche Kundenselbstbedienungsprozesse allerdings unbedingt notwendig, dass nicht nur das Unternehmen einen Vorteil hat, sondern auch der Kunde. In der anfänglichen Umsetzung durch Automaten war dies oftmals nicht der Fall. So konnte das Unternehmen zwar Kosten sparen, da evtl. der Schaltermitarbeitende durch einen Automaten ersetzt wurde, der Kunde musste aber noch immer vor dem Automaten anstehen und hatte teilweise mit wenig intuitiven Menüführungen

zu kämpfen. Solche Systeme haben - besonders in den USA - oft zu verärgerten Kunden geführt. In der nächsten Welle - dem internetbasierten Kundenselbstbedienungsprozess - sind die Vorteile für Kunde und Unternehmen hingegen groß. Das Unternehmen kann Kosten sparen, und der Kunde kann die Aufgabe von zu Hause aus durchführen, ohne an einem Schalter anstehen zu müssen. Der Kunde kann dadurch eine hohe Zeitersparnis haben und muss ggf. nicht an einen speziellen Ort kommen, z.B. den Schalter. Bei der mobilen Umsetzung von Kundenselbstbedienungen gehen die Vorteile noch weiter, da der Kunde noch flexibler in der Durchführung der Transaktion ist und evtl. kein zusätzliches Equipment wie einen Drucker benötigt. Unternehmen können somit durch mobile Kundenselbstbedienungsprozesse nicht nur quantitative (Kostenersparnis etc.), sondern auch qualitative Ziele (Kundenzufriedenheit etc.) erreichen.
Abb. 3-5 stellt die drei verschiedenen Varianten des Ticketkaufprozesses dar. Zusätzlich wird in einer vierten Variante angeführt, was der Kunde im Grunde will. Das Bedürfnis des Kunden ist eigentlich die Zugfahrt. Die anderen Schritte wie Ticketkauf, Ticketvorzeigen etc. sind kein Anliegen des Kunden, aber notwendig, um die Dienstleistung in Anspruch zu nehmen. Zukünftige Lösungen, die bspw. Smartphones mit NFC-Sensoren an den Türen des Zugs kombinieren, werden diese vierte Variante voraussichtlich ermöglichen. Der Kauf des Tickets und die Kontrollen werden dabei vollkommen automatisch übernommen, ohne dass der Kunde zusätzliche Aktionen ausführen muss.

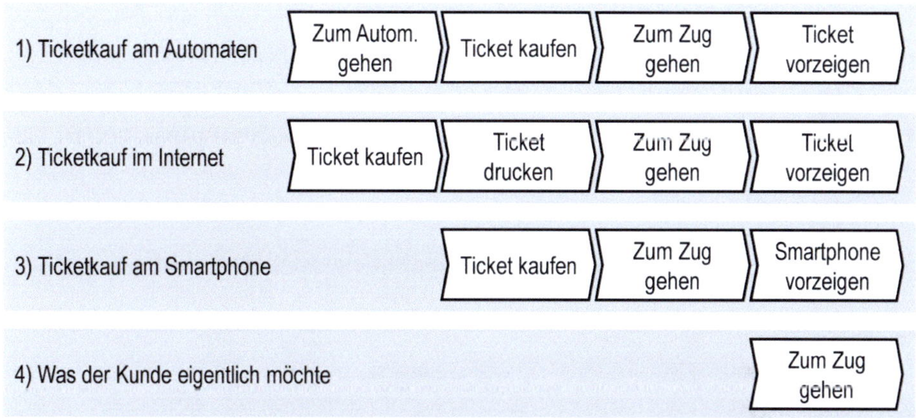

Abb. 3-5: Vergleich von Ticketkaufprozessen

Im Folgenden betrachten wir die Auswirkungen von Mobile IT auf Prozesse in der Praxis.

3.2 Ausprägungen mobiler Prozesse in der Praxis

Die Prozessebene wird durch die Leitfrage: «Welche Geschäftsprozesse werden durch den Einsatz der mobilen Anwendung unterstützt?» definiert. Die Vielfalt an Möglichkeiten ist jedoch überwältigend. Einen ersten Eindruck erhält man durch die Suche in der Kategorie «Produktivität» in öffentlichen App Stores. Für jeden Service gibt es bereits Angebote. Man kann Lösungen für den Büroalltag, die Selbstorganisation, das Produktdesign und für Kollaboration oder Kreativtätigkeiten auf Anhieb finden. Wir werden daher nicht auf alle diese Möglichkeiten eingehen, sondern orientieren uns an den speziellen unternehmensinternen Mobile

Business Solutions (MBS) aus Fallstudien. Abb. 3.6 fasst die Ausprägungen zusammen, die wir im Folgenden behandeln werden.

Die Studienergebnisse zeigen, dass sich die durch die MBS unterstützten Prozesse in drei Ausrichtungen gliedern lassen und diverse Prozesstypen unterstützt werden können. Die entscheidende Frage ist jedoch: «Werden mit der MBS neue Geschäftsprozesse ermöglicht?». Hier zeigen die Ergebnisse, dass das Potenzial der mobilen Endgeräte oft ungenutzt bleibt, da MBS meist lediglich einen Kanalwechsel darstellen.

Prozesse			
Ausrichtung der MBS (Zielgruppe Prozessbeteiligte)	extern (für Kunden, z.B. Marketing)	extern mit Intern-Bezug (auf interne Systeme, z.B. Kundendaten auf Firmen-Backend)	intern (MBS für die eigenen Mitarbeiter)
Prozesstyp	Planungsprozess	Ausführungsprozess	Unterstützungsprozess
Prozessänderung durch MBS	keine (1:1 Prozessabbildung, MBS= neuer Kanal)	Erweiterung (1:1 Abbildung + Erweiterung um mobilen Prozess)	Auf MBS basierender Prozess

Abb. 3-6: BE-Modell-Prozesse

3.2.1 Prozessausrichtung der MBS

Die Prozessausrichtung der MBS bezieht sich auf die Frage, wer die Prozessbeteiligten sind, also welche Teilnehmer auf welche Weise mit der MBS im Prozess interagieren. Unter diesem Gesichtspunkt konnten drei Antworttypen festgestellt werden. Abb. 3-7 zeigt die identifizierten Prozessausrichtungen extern, extern für interne Prozesse und intern.

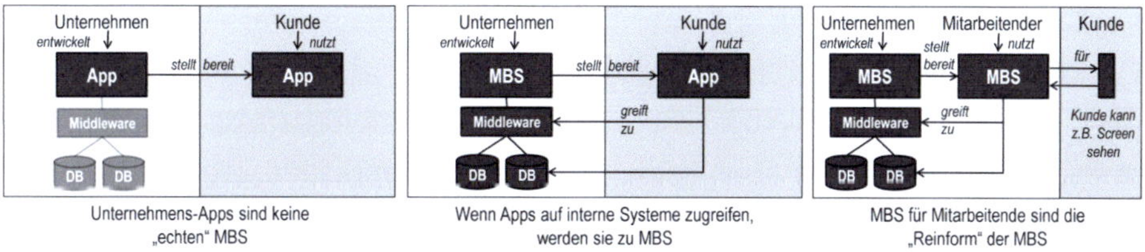

Abb. 3-7: Prozessausrichtung der MBS

Über die Prozessausrichtung gelingt eine weitere Abgrenzung zwischen MBS und Apps. Die Interviews zeigen, dass Unternehmen internen MBS und externen Apps oft nicht den gleichen Stellenwert zukommen lassen. War das Thema Mobile Business bis vor fünf Jahren noch stark intern ausgelegt (d.h. der Fokus lag auf Fachbereichslösungen, z.B. für den Außendienst), haben die meisten Unternehmen ihren Fokus in den letzten zwei bis drei Jahren verstärkt auf extern ausgerichtete Prozesse (vor allem Marketing und Corporate Communications) gelegt. Die Entwicklung verläuft ähnlich der Entwicklung im Web. Auch hier haben Unternehmen ihren Anwendungsschwerpunkt von einer rein internen Nutzung der Technologie zu Gunsten einer externen Ausrichtung auf Web-2.0- oder Social-Media-Kanäle verschoben, um sich ihren Endkunden zu präsentieren. Auf die Fallstudien bezogen zeigt sich dies im Verhältnis von 30 MBS, über die in den 20 Fallstudien gesprochen wurde, zu insgesamt über 120 Apps, die dieselben Unternehmen gleichzeitig in verschiedenen App Stores ihren Endkunden anbieten. Im Folgenden werden die unterschiedlichen Prozessausrichtungen beschrieben.

Externe Ausrichtung: Apps

Apps sind zur Zeit meist «nur» ein klassisches Marketinginstrument. Die mit ihnen abgebildeten Prozesse entsprechen dem Push-Prinzip und reichen weit über die Unternehmensgrenzen hinaus. Es sind meist keine Datensicherungskonzepte notwendig, denn die Unternehmen geben Konzerninformationen oder Entertainment in einem One-way-Prinzip an ihre Kunden heraus. Bis auf Feedbackoptionen haben die Kunden meist keine Möglichkeit, über die App mit dem Unternehmen zu interagieren. Die verfolgten Ziele sind (neben dem Ausprobieren) meist externer und qualitativer Natur, z.B. eine erhöhte Kundenzufriedenheit bzw. die Kundenbindung. In diesem Bereich sind die Unternehmen sehr aktiv. Oft werden tendenziell kleinere externe Partner (z.B. Agenturen) hinzugezogen, um diese Apps zu erstellen.

Typische Beispiele sind u.a. digitale Kartenspiele von Automobilkonzernen, digitale Kundenmagazine oder kleine Alltagshilfen, die nichts mit Ausführungs- oder Unterstützungsprozessen des Unternehmens zu tun haben.

▸ STATEMENTS AUS DER PRAXIS

Ein Interviewpartner aus der Studie beschreibt diesen Zustand wie folgt: «Wenn man sich das (die externen Apps) anschaut und mit dem in Verbindung setzt, was wir als Mitarbeitende vorgesetzt bekommen, kann man es getrost als ‹außen hui – innen pfui› bezeichnen.»

«Die Zeiten des Trial & Error und des ‹Wir brauchen rein aus Imagegründen eine App im Store› sind vorbei.

Unternehmen erwarten zu Recht eine belastbare Aussage über den Nutzen einer Magazin-App. Die User wiederum sehen sich mittlerweile einer unübersehbaren Flut an Magazin-Apps gegenüber. Daraus ergeben sich drei klare Anforderungen:

Die Magazin-App muss den Usern einen echten Mehrwert geben, d.h. die App muss eine intelligente Erweiterung des Print-Magazins sein, keine 1:1 Wiedergabe. Die App muss intuitiv in der Nutzung sein und die Interaktionsmöglichkeiten, die der Tablet-PC bietet, gezielt ausnutzen.

Bei der Konzeption und Erstellung einer periodisch erscheinenden App muss bei aller Individualität auf eine CMS-basierte Lösung geachtet werden, um die Erstellungskosten in einem realistischen Rahmen halten zu können.
Erfolgreiche Apps sind wie alle gut gemachten Medien, ob Zeitung, Zeitschrift oder Fernsehsendung: Es kommt auf den relevanten Content mit damit verbundenen Features, auf den richtigen Spannungsbogen und ein kontinuierliches Tracking und Optimieren an. Also, trotz neuem Medium nicht wirklich neu, aber genauso anspruchsvoll wie seit jeher.»
Patrick Lithander, Head of Digital Media, BurdaYukom Publishing

Externe Ausrichtung für interne Prozesse: Apps werden zu MBS
Unter bestimmten Voraussetzungen werden die von den Unternehmen in diverse App Stores eingestellten Apps zu MBS. Der Prozessweg ist im Vergleich zu den Marketing-Apps keine Einbahnstraße, sondern ein Kreisverkehr. Unternehmen binden Kunden teils in komplexe Prozesse mit ein. Solche Prozesse werden meist im Zusammenhang mit den Kundenselbstservices verwendet. Derzeit ist es noch meist der Fall, dass diese Services zusätzlich zu kostenlosen Services in Form eines Beratertermins angeboten werden. Der zusätzliche Kanal wird dabei oft verwendet, um neue Kunden zu gewinnen und bestehende Kunden zu binden. Gleichzeitig werden auch interne Ziele, wie bspw. die höhere Mitarbeitereffizienz oder Informationsqualität, mit solchen Lösungen erreicht.

MBS mit dieser Prozessausrichtung sind wesentlich komplexer als jene der zuvor beschriebenen rein externen Ausrichtung. Oftmals liegen die relevanten Daten auf Unternehmensservern, die in den MBS meist über Middleware angebunden werden. Soll die MBS ihren vollen Nutzen entfalten, benötigt der Kunde nicht nur Lese-, sondern vor allem

Schreibrechte. Im gesamten Prozess sind die Kundendaten sicher zu übertragen. Die Schadensmeldungsprozesse von Versicherungen sind hier das Paradebeispiel. Kunden können heute mit dem Smartphone einen Unfallschaden dokumentieren (vgl. Abb. 3-8). Hierbei verbindet die Kamera des Smartphone die Fotos bereits mit den Geodaten. Anschließend führt die MBS den Kunden durch einen standardisierten Frage-Antwort-Prozess. Somit wird sichergestellt, dass alle benötigten Informationen auf Seiten des Versicherers verfügbar sind, gleichzeitig wird die Datenqualität aufgrund der Aktualität und kontextspezifischen Inputs (wie GPS-Daten) erhöht.

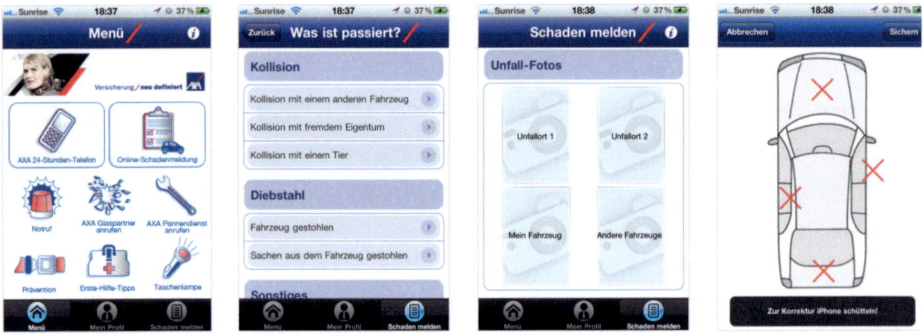

Abb. 3-8: Screenshots der Schadenmeldungs-App von Axa Winterthur

▶ STATEMENT AUS DER PRAXIS

«Wir haben das Thema Apps in zwei bzw. drei Linien aufgeteilt. Der Farbe unserer Marke nach sprechen wir von ‚der roten Linie', wenn es um Kunden-Apps geht. Hier haben wir Notfall-Apps und Schadensmeldungs-Apps im Angebot. Dazu kommen sogenannte ‚orange Apps', so nennen wir temporäre rote Apps – das sind dann meist Marketingmaßnahmen, oft nur für einen bestimmten Zeitraum, z.B. wenn wir als Sponsor einer großen Sportveranstaltung auftreten.

Hierbei geht es immer darum, zu entscheiden, in welchen App Store man die setzt, und dass die Apps hübsch gemacht sind. Der zweite Bereich, die ‚blaue Linie', sind unsere rein internen Apps. Hier reden wir im Prinzip über Berater-Apps, die unsere Berater im ‚Leben'-Bereich (Anm. gemeint sind Lebensversicherungen) unterstützen und die wir intern über iAnywhere auf die Geräte bringen. Diese Apps sind aus sicherheitstechnischer Sicht viel kritischer. Hier ist unser geistiges Eigentum abgebildet, zudem wird auf sensible Daten zugegriffen. Der Zugriff der Kunden auf unser System in den roten Apps ist auch sicherzustellen, aber bei blauen Apps ist das relevanter.»
Fritz Zemp, Mitglied der Direktion, Die Mobilar

Abb. 3-9 zeigt die App «Mobiliar Notruf».

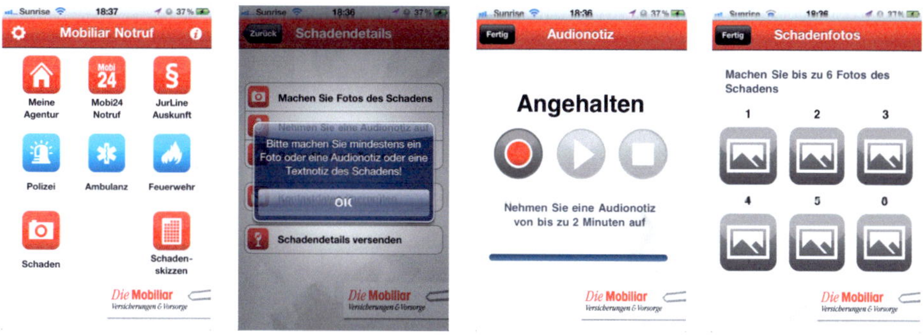

Abb. 3-9: Screenshots der Schadenmeldungs-App von Die Mobiliar

Interne Ausrichtung

Bei interner Ausrichtung sprechen wir von reinen MBS. Hier entwickeln Unternehmen mobile Lösungen für ihre Mitarbeitenden, die die MBS dann auch selbst bedienen. Das mit der Einführung der MBS verfolgte Ziel ist daher ebenfalls intern, es geht um Mitarbeitereffizienz oder Mitarbeiterzufriedenheit. Zur Erinnerung: In der vorher genannten Ausrichtung entwickelt das Unternehmen letztlich die MBS auch für die eigenen Mitarbeitenden, nämlich die Prozessmitarbeitenden im Backoffice. Die MBS wird aber vom Kunden genutzt, er oder sie erstellt die Daten, welche die Mitarbeiter brauchen, um handlungsfähig zu sein.

Wie die bereits erwähnten Beispiele zeigen, folgen aus der internen Ausrichtung zahlreiche Unterschiede. Diese werden in einem nachfolgenden Kapitel aufgezeigt. Hier kann jedoch bereits gesagt werden, dass interne MBS in aller Regel anders verteilt (deployed) werden, technisch komplett anderen Anforderungen unterliegen und daher anders umgesetzt werden können.

Die Kernaussage an dieser Stelle ist daher: Bei externer Ausrichtung, also Apps für den Endkundenbereich, gestalten sich die zu treffenden Entscheidungen relativ einfach. Die Ziele der Kundenbindung oder -generierung sind klar, können oft jedoch nur qualitativ begründet werden. Die Projekte werden aus dem Marketingbudget finanziert, die Umsetzung wird extern vergeben und kostet vergleichsweise wenig. Die Plattform für die Veröffentlichung ist jene, auf der nach einer kurzen Marktanalyse die eigenen Kunden bereits vertreten sind.

Die Gestaltungsparameter der internen MBS sind mannigfaltiger. Es ist viel weniger vorgegeben, Anforderungen und Ansprüche gehen deutlich auseinander. Das liegt daran, dass MBS über die gesamte Supply Chain hinweg zum Einsatz kommen können, nicht nur im Marketing. Der Prozesstyp kann Planung, Ausführung oder einen Unterstützungsprozess betreffen.

Für Mitarbeitende sind MBS oder Apps meist kein neues Thema. Viele verwenden diese aus der Sicht unserer Erhebung von 2011/2012 bereits seit über zwei Jahren (vgl. Abb. 3-10). Heute ist es also so, dass falls Mitarbeitende vom Unternehmen keine MBS zur Verfügung gestellt bekommen, einfach öffentliche Apps zur Unterstützung des Arbeitsalltags eingesetzt werden. Ist dies auf dem betrieblichen Gerät gesperrt, verwenden manche hierfür einfach das private Gerät (vgl. Kapitel 1 «Einleitung»).

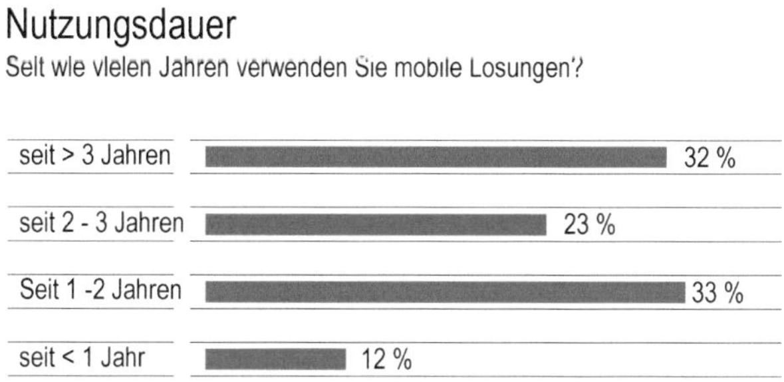

Abb. 3-10: Erfahrene Nutzer, n=287

Prozesstyp

MBS kommen heute in diversen Prozesskategorien zum Einsatz. Über die gesamte Supply Chain sind Einsatzbeispiele für die MBS-Unterstützung in Planung (Organisation), Beschaffung, Herstellung, Lieferung oder Rückgabe bekannt. Im Folgenden unterscheiden wir Prozesstypen nach dem klassischen SCOR-Modell in Planungsprozesse, Ausführungsprozesse und Unterstützungsprozesse [Poluha, 2008].

Planungsprozesse

Planungsprozesse definieren sich darüber, dass sie stets einen Ausführungsprozess vorbereiten. MBS, welche Planungsprozesse unterstützen, sind natürlich vor allem die allseits bekannten mobilen E-Mail- und Kalenderhilfen, mit denen Termine abgestimmt und koordiniert werden. Falls Planungsprozesse mobil unterstützt werden, kommen jedoch meist nur Apps aus den öffentlichen App Stores, aber keine eigens entwickelten MBS zum Einsatz. Dies ist jedoch nur bei einer teilweisen Öffnung der Sicherheitsvorschriften für mobile Endgeräte durch das Unternehmen oder durch eine BYOD-Initiative möglich. Typische Beispiele für

Planungsprozesse sind z.B. die abteilungsübergreifende Terminplanung mit der «Doodle App», die Aufgabenplanung mittels der «Remember the Milk App», eine Kundenterminplanung im Mobile CRM oder die Reiseplanung mit den Apps der SBB, von Air Berlin oder Yelp (Anm.: Diese App-Beispiele sind beliebig gewählt; es gibt eine Vielzahl vergleichbarer Apps). An dieser Aufzählung sind trotzdem drei zentrale Aspekte zu erkennen.

- Verschiedene Planungsprozesse werden mit unterschiedlichen MBS unterstützt, es gibt keine MBS, die alle Planungen einschließt.
- Planungsprozesse können einem Ablauf folgen. Auf Kundenterminplanung folgt z.B. oft Reiseplanung.
- Unternehmen entwickeln selten spezifische MBS für Planungsprozesse. Die Mitarbeitenden sind hier meist auf Standardlösungen angewiesen, das mobile Device mit Mail und Kalender muss meist genügen.

Ein sehr gutes Beispiel für einen MBS-basierten Planungsprozess stellt die RESCLITE App von Zumtobel dar (vgl. Abb. 3-11). Diese richtet sich an die Produktmanager bzw. Architekten, aber auch an Kunden oder Elektriker, die innerhalb eines Gebäudes eine Not- und Rettungslicht-Lösung planen müssen. Die App beinhaltet alle Leuchten, welche Zumtobel innerhalb von Projekten einsetzt, aber auch gesetzliche Vorgaben, an welche sich Deckenbauer in der Planung halten müssen. Die App fragt in einem strukturierten Prozess die Rahmenbedingungen (z.B. Anforderungen wie wasserdichte Leuchten, die Raumgeometrie oder der generelle Einsatzzweck) ab und schlägt ein Lichtlösungssetup vor. Früher wurde dieser Prozess durch spezielle Schablonen unterstützt. Mit der App ist diese Planung mehrfach schneller, und es kann via E-Mail direkt der Ausführungsprozess angestoßen werden.

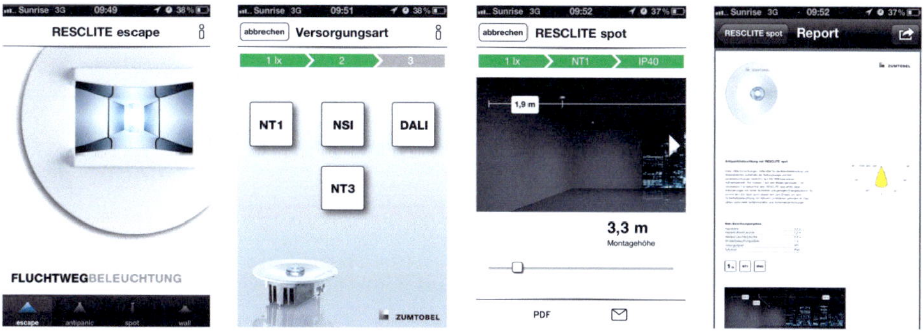

Abb. 3-11: Screenshots der RESCLITE App von Zumtobel

Ausführungsprozesse

Ausführungsprozesse sind Prozesse, die durch einen Planungsprozess ausgelöst werden und den Status eines Produktes oder einer Dienstleistung verändern. In diesem Fall geht es um den eigentlichen Kern der Tätigkeit, es könnte auch gefragt werden: «Was macht der Mitarbeitende?». Der klassische Außendienstprozess, in dem z.B. ein Produkt vertrieben oder gewartet wird, stellt das beste Beispiel dar. MBS für Ausführungsprozesse heißt also, dass die MBS eine Tätigkeit übernimmt, die über die Informationsbereitstellung hinausgeht. Mag dies noch recht abstrakt klin gen, liegt genau hier eine große Barriere für MBS, denn die Frage dahinter ist: «Wozu benötige ich eine MBS bei dem, was ich tue?».

Die meisten MBS in der Studie kommen nicht in Ausführungsprozessen, sondern in den nachfolgend beschriebenen Unterstützungsprozessen zum Einsatz. Beachtlich ist, dass von vielen MBS das Potenzial der mobilen Endgeräte zur Prozessausführung nicht voll genutzt wird. Beispielhaft heißt das, dass Beratungsgespräche zwar durch MBS gestützt und gesteuert werden, der Abschluss aber auf Papier oder nachgelagert online erfolgt, oder dass im Wartungsprozess zwar Informationen über eine Anlage abgerufen werden, im Ausführungsprozess selbst jedoch meist nicht Kamera, GPS-Modul oder Sprachsteuerung, sondern klassische Texteingabe verwendet wird. Die folgenden drei Beispiele zeigen, wie die Ausführungsprozesse auf Basis einer MBS aussehen können.

▶ BEST PRACTICE

Techniker des Aufzugbauers Schindler verwenden bereits seit 2006 die selbst entwickelte mobile Lösung «Fieldlink», um die täglichen Wartungsaufträge auszuführen. Durch die schnelle Übertragung der Information zwischen Techniker, technischen Diensten und Callcenter ist die sofortige Identifikation benötigter Ersatzteile oder Produktbeschreibungen einsehbar, zudem ist stets Hilfe aus dem Backoffice verfügbar. Aufgaben des Wartungsprozesses können somit direkt angestoßen werden, Ersatzteile können direkt aus der MBS heraus bestellt werden und dies mit Unterschriften auf den Handhelds bestätigt werden. Fieldlink bietet Verbesserungen der Verwaltung, der Aufrufdienste, der Responsezeit des Wartungspersonals, der Produktivität und des Kundendienstes und spart ca. eine Tonne Papier pro Jahr ([Schindler, 2013]; [Spec-Net, 2012]).

Aus dem Endkundenbereich kann hier die **Mobile Banking App** der PostFinance genannt werden, die in verschiedenen Prozessen das mobile Element stärker als andere betont. Z.B. können die in der Schweiz üblichen Einzahlungsscheine direkt aus der App über die Kamera eingescannt werden und die Suche nach dem nächsten Bankautomaten wird durch Einbezug von Kamera, Gyroskop und GPS-Modul per Augmented Reality (AR) unterstützt.

Die bereits beschriebenen **Schadensmeldungslösungen von Versicherungen** sind ebenfalls ein sehr gutes Beispiel für Ausführungsprozesse. Der Prozess der Schadensmeldung wird nicht nur durch die MBS gesteuert, sondern auch ausgeführt, da die MBS nicht nur den Prozess strukturiert, sondern z.B. Fotos mit GPS-Daten hochgeladen werden, relevante Informationen vor Ort und nicht im Nachhinein eingetragen werden, der Unfall schematisch bereits in der MBS skizziert werden kann und der Verunfallte bei Angabe von Zeugen evt. aus dem Adressbuch seines Smartphone auswählen kann.

Unterstützungsprozesse

Unterstützungsprozesse sind Prozesse, die Informationen oder Beziehungen vorbereiten, aufrechterhalten oder verwalten, auf denen die Planungs- und Ausführungsprozesse basieren. Ein Großteil der in den Fallstudien beschriebenen MBS bezieht sich auf Unterstützungsprozesse. Das offensichtlichste Beispiel sind Dashboard-Lösungen, auf denen Unternehmenskennzahlen übersichtlich dargestellt sind. Es werden Informationen bereitgestellt, die den Ausführungsprozess der Unternehmensführung unterstützen. Ein anderes Beispiel sind Beratungsprozesse, in denen der Prozess durch die MBS vorgegeben wird, die unterstützende Funktion also in der Bereitstellung der Ablaufinformationen liegt. Die von Drittanbietern angebotenen Apps fallen ebenfalls unter diesen Prozesstyp, denn sie unterstützen meist Planungsprozesse oder Organisationsprozesse.

Ein typisches Beispiel für Unterstützungsprozesse mit MBS zeigt EVONIK. Hier werden Führungspersonen mit einer iPad-Lösung ausgestattet: Hierzu der Leiter Innovation, Wolfgang Gladbach:

▸ STATEMENT AUS DER PRAXIS

«Der Führungsprozess ist eigentlich weniger im Prozessgedanken beschreibbar. Von den Tätigkeiten her sind das eher viele kleinere Informationsprozesse. Daher ist unser Gedanke bei der iPad-Lösung im ersten Schritt die reine Informationsbereitstellung. Es ist erst mal wichtiger, dass die richtigen Informationen in einem sicheren Container auf dem Gerät abrufbar sind, als dass wir den Führungskräften

diese Informationen in schicken Dashboards aufbereiten.»
Wolfgang Gladbach, Leiter Innovation EVONIK

Letztlich ist zu beachten, dass die Unterscheidung in Planungs-, Ausführungs- und Unterstützungsprozesse keine Wertung vornimmt. Es kann einfach nur gewünscht sein, einen Unterstützungsprozess abzubilden und auf die technischen Möglichkeiten der Endgeräte zu verzichten. Die Kunst liegt letztlich darin, die MBS an der richtigen Stelle einzusetzen und dabei die technischen Möglichkeiten der verfügbaren mobilen Endgeräte so auszunutzen, dass sie dem gewünschten Ziel der MBS entsprechen. MBS, welche mehrere Prozesstypen gleichzeitig bedienen, waren in den Fallstudien nicht vertreten. Ein ganzheitlicher Einsatz von Apps und eigenen MBS über die verschiedenen Prozessschritte hinweg war ebenfalls in keinem der befragten Unternehmen Standard.

Abb. 3-12 zeigt, dass dies technisch durchaus bereits heute in einem Arbeitsablauf möglich wäre.

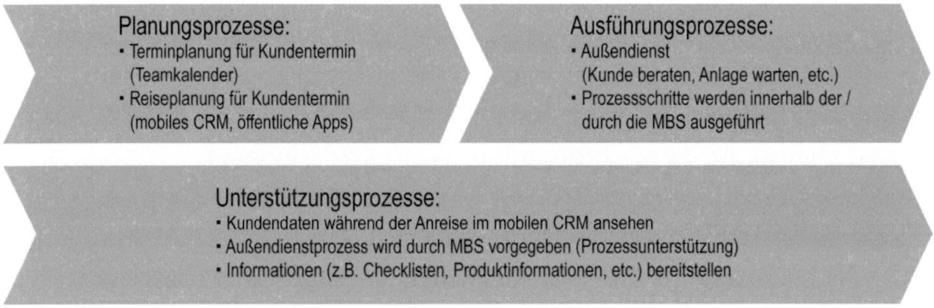

Abb. 3-12: Prozesstypen und Beispielprozesse

3.2.2 Prozessänderungen

Eng verbunden mit der strategischen Frage nach einer Nutzenbegründung ist die Frage der Prozessänderung durch den Einsatz der MBS bzw. von mobilen Endgeräten: «Wurden durch die MBS neue Prozesse im Unternehmen möglich?» war daher eine zentrale Frage in allen Fallstudienerhebungen. Wie bereits im vorherigen Unterkapitel zu Prozesstypen angesprochen, schaffen vor allem viele der neueren MBS (z.B. Dashboard-Lösungen für Tablets oder Apps für Kunden) keine neuen Prozesse, sondern stellen lediglich einen neuen Kanal, der zudem bewirtschaftet werden muss, dar. Dies ist kein generell negativ zu wertender Aspekt, erneut liegt die Nutzenbegründung hier oft im Qualitativen, die Ziele in der Mitarbeiterzufriedenheit. Dies zeigt sich am Beispiel der Schweizer Post, die ihren Mitarbeitenden interne Weiterbildungsmodule neben der Online-Variante auch in Form einer App anbietet.

▶ STATEMENT AUS DER PRAXIS

«Das Potenzial liegt für uns in der Wahrnehmung der innerbetrieblichen Weiterbildung: Früher hatten wir die Herausforderung, dass sich im Vorfeld nicht alle Teilnehmenden auf das Thema eingelesen hatten. Mit der mobilen Lösung und den Vorausaufgaben haben wir, ohne Vorschriften zu machen, eine gewisse positive Eigendynamik hervorgerufen. Die Teilnehmenden fragen sich gegenseitig: «Wie viele Punkte hattest Du im Vorbereitungsmodul erreicht?», «Habt ihr eure Lösung der Aufgabe auch schon hochgeladen?». Die Leute gehen mit mehr Vorwissen an die Präsenztage. Das ist retrospektiv ein idealer Zustand für die Weiterbildung, da an den Präsenztagen viel intensiver gearbeitet werden kann. Die Weiterbildung ist so viel stärker auf die Bedürfnisse des Einzelnen zugeschnitten, die Teilnehmenden motivieren sich gegenseitig, der Lernerfolg erhöht sich messbar

und die Wirtschaftlichkeit steigt. Der Weiterbildungsprozess wurde somit nur um die Vorausaufgaben ergänzt. Der neue mobile Kanal hat aber eine gewisse Awareness für das Thema geschaffen.»
Max Gissler, Leiter eEducation, Schweizer Post

Kein neuer Prozess, ein neuer Kanal

Die Mitarbeitenden der Unternehmen, ob Chefetage oder IT, sind ebenfalls Endkunden. Die meisten sind privat dem Trend zu modernen Smartphones bereits gefolgt, unternehmensintern werden jedoch Endgerät und Betriebssystem (z.B. ein Nokia mit Symbian) vorgegeben. Entscheiden sich Unternehmen nun, über verschiedene Wege den Mitarbeitenden Smartphones zur Verfügung zu stellen, folgt die Frage nach der Nutzung. Die Vorgaben und Angebote aus den öffentlichen App Stores sind enorm vielfältig. Auch die großen IT-Systemdienstleister besetzten das Thema und bieten zunehmend Apps für den professionellen Gebrauch an. In der Investitionsentscheidung spielen vor allem die qualitativen Faktoren eine Rolle. Da den Mitarbeitenden durch Smartphones trotzdem nicht nur ein «neues Gadget» bereitgestellt werden soll, werden meist initial native Apps (vgl. Technologieebene) als MBS installiert. Da diese Apps jedoch oft standardisierten Geschäftsprozessen nachempfunden sind, um für mehrere Unternehmen verwendbar zu sein, folgt aus Sicht der Prozessänderung meist, dass keine neuen Prozesse entstehen. Vielmehr besteht der Auftrag hier in der Integration der MBS mit den Systemen, an welche die Prozesse ohnehin angebunden sind. Gerade für native Apps (im Vergleich zu Web-Apps, s. Technologieebene) ist dieser Aufwand nicht zu missachten. Die Kosten der Integration wurden in verschiedenen Fallstudien auf mindestens das Doppelte der Anschaffungs- oder Entwicklungskosten geschätzt. In diesen Beispielen wird somit lediglich die Betrachtungsweise über einen neuen Bildschirm möglich, weiteres Potenzial der mobilen Endgeräte bleibt ungenutzt.

Im spezifischen MBS-Umfeld kann diese Kanalbildung jedoch auch dazu führen, dass bestehende Lösungen, welche auf dem Laptop sporadisch verwendet werden, allein aufgrund der Tatsache, dass sie nun mobil abrufbar sind, neue Beliebtheit erfahren. Ein passendes Beispiel aus den Fallstudien ist hier Daimler Fleetboard (vgl. Abb. 3-14), ein führender Telematik-Anbieter. Das Unternehmen vertreibt seit zehn Jahren Telematik-Lösungen, unter anderem für das Flottenmanagement von Spediteuren. Seit einem Jahr bietet man diese Lösung in einer mobilen Variante für iOS (iPhones und iPad) an.

STATEMENT AUS DER PRAXIS

«Der Mehrwert des Mobilen gegenüber der Basissoftware liegt nicht in neuen Features, die es jetzt nur mobil gibt. Man muss hier eher an das Kerngeschäft unserer Kunden denken, dort agiert man nach dem Prinzip «Management by incident», d.h. gut läuft es dann, wenn es keinerlei Probleme gibt. Mit der mobilen Lösung bieten wir hier einen Kanal, durch den der Informationsgrad beim Spediteur erhöht wird. Er kann seine Flotte direkt über das iPad verfolgen, sehen wo es Probleme gibt und remote direkt Maßnahmen einleiten. Dazu hat er alle Informationen wie Handbücher direkt einsehbar. Die App kostet ihn nichts, denn er kauft ja unseren Service vorher ein, das heißt vor allem die Nachrüstung der Flotte mit den GPS-Sendeeinheiten sowie die Software samt Backend-Integration. Durch die mobile Lösung haben wir lediglich einen weiteren Betrachtungskanal geschaffen.»

Steffen Strobel, Projektverantwortlicher der MBS Daimler Fleetboard

Abb. 3-13 zeigt einige Screenshots der Daimler Fleetboard App.

Abb. 3-13: Screenshots der Daimler Fleetboard App

Prozesserweiterungen

In einer nächsten Stufe wollen wir von einer durch mobile Endgeräte ermöglichten Prozesserweiterung sprechen. Hierunter fassen wir Prozesse, die im Großen und Ganzen bestehen bleiben, jedoch punktuell Änderungen aufgrund mobiler Technologie erfahren. Diese Änderungen können sowohl eine Erweiterung von mobilen Prozessschritten als auch die Rationalisierung von bestehenden Backoffice-Prozessschritten bedeuten. Letzteres kann klar mit der Vermeidung von Medienbrüchen assoziiert werden. Ein gutes Beispiel sind die bereits erwähnten Schadensmeldungsprozesse, bei denen der Pflegeaufwand auf Seiten des Versicherers, also das Aufnehmen einer Schadensmeldung via Telefon und das Übertragen der Angaben in die Formulare und Systeme, an den Kunden ausgelagert wird. Da die App, trotz ihres Potenzials, meist nur eine Kanalerweiterung (s.o.) darstellt, also der gewöhnliche Prozess der Schadensmeldung parallel bestehen bleibt, kann hier ebenfalls noch nicht von einer Prozesstransformation gesprochen werden. Das Vertrauen in rein mobile Prozesse ist hier noch nicht ausgeprägt bzw. der Markt hierfür noch nicht

reif genug. Es ist jedoch zu erwarten, dass ähnlich dem Geschäftsmodell von Direktversicherern bestehende Self-Service-Prozesse mit finanziellen Anreizen für den Versicherungsnehmer verknüpft werden. Die Idee dahinter wäre, z.B. die mobile Erfassung als einzige Form der Schadensmeldung zu etablieren oder die mobilen Self-Services in eine preisgünstigere Versicherungspolice einzubeziehen.
Fritz Zemp von Die Mobilar erklärt das Potenzial zukünftiger Kunden-Self-Services wie folgt:

▶ STATEMENT AUS DER PRAXIS

«Klar machen wir uns dazu auch unsere Gedanken. Das ist noch nicht das direkte Zukunftsgeschäft, aber in 5-10 Jahren, wenn die Technik noch ein bisschen ausgereifter ist, haben wir sicher die Möglichkeit, dass der Kunde z.B. auch bei der Wertberechnung für eine Hausratsversicherung sein mobiles Endgerät verwendet. Er würde dann z.B. seine Wohnung scannen und wir darauf aufbauend, quasi realtime, die Höhe der Police errechnen. Spannend wird es auch beim Thema Internet of Things, wenn also die mobile Lösung für unseren Versicherten auf diverse Sensoren des Haushalts, sei es das Thermostat, die Alarmanlage oder die Wasserleitungen, zugreifen darf und wir das mit in die Kalkulation nehmen dürften.»

Fritz Zemp, Mitglied der Direktion, Die Mobilar

Prozesstransformation

Durch mobile Technologie erst ermöglichte Geschäftsprozesse, also MBS, welche eine Prozesstransformation zur Folge hatten, stellen noch nicht den Stand der Praxis dar. Innerhalb der Fallstudien stellen die seit längerem im Einsatz befindlichen MBS, die meist noch auf dem Windows Mobile 6.5 Betriebssystem basieren, die stärkste Form der Prozesstransformation dar. Der Unterschied zu vorher Beschriebenem ist, dass man hier komplett auf den mobilen Prozess setzt, Parallellösungen wurden abgeschafft, die Möglichkeiten des mobilen Endgerätes (z.B. das Einbinden von Kontextinformationen) werden genutzt.

Eine Vielzahl passender Beispiele kann im Bereich Servicetechnik (engl. Field Service) identifiziert werden. Die MBS dienen Außendienstmitarbeitenden als Hilfe. Bis vor wenigen Jahren waren trotz dieser Lösungen Parallelprozesse (z.B. Papiermitnahme auf Baustellen) noch die Regel, heute sind die Servicemitarbeitenden auf diese MBS angewiesen. Standard-Features sind in der Regel das Ordern von Ersatzteilen, das Anfertigen von Zeichnungen oder die Stundenmeldung (alle Ausführungsprozesse). Auch das Ablesen von Barcodes an den Anlagen und ein damit verbundenes Downloaden von Produktspezifikationen (Unterstützungsprozess) oder die Terminverwaltung des Servicemitarbeitenden (Planungsprozess) sind oft bereits seit Jahren implementiert. Die User Interfaces (UI) dieser MBS wirken in Zeiten von visuell ansprechenden Apps zwar veraltet, die Qualität der MBS liegt jedoch in anderen Aspekten. Die Integration mit den Backend-Systemen des Unternehmens ist unabdingbar. Je zeitnaher ein Prozess im Backend ausgeführt werden soll, desto kostenintensiver wird es in der Regel für die Unternehmen. Eine typische Aussage im Rahmen der Interviews dazu war: «Realtime hat seinen Preis. Man muss sich überlegen, ob dies unbedingt notwendig ist oder lieber einmal pro Tag synchronisiert werden soll.» Nichtsdestotrotz vereinen diese komplett intern ausgerichteten MBS alle beschriebenen Prozesstypen und transformieren seit nunmehr fast zehn Jahren Außendienst-Geschäftsvorgänge in mobile Prozesse.

3.3 Fallbeispiel: Mobiler Passagierprozess

Die Deutsche Lufthansa AG (DLH) ist ein weltweit operierendes Luftverkehrsunternehmen. Der Konzern ist in fünf Geschäftsfeldern aktiv, die Mobilität mit hohem Qualitätsanspruch und Dienstleistungen für die Fluggesellschaften anbieten. Passage Airline Gruppe, Logistik, Technik, Catering und IT-Services nehmen jeweils eine führende Rolle in ihrer Industrie ein. Zum Lufthansa Konzern gehören insgesamt über 400 Tochterunternehmen und Beteiligungsgesellschaften.

Ein Prozess, der sehr erfolgreich mit Mobile IT unterstützt wird, ist der Passagierprozess der DLH. Die Unterstützung durch Mobile IT ist in diesem Prozess anhand der «Lufthansa App» auch für Kunden ersichtlich. Im folgenden Interview werden Birgit Karl, Customer Front-End Services, und Stefanie Heucke, Mobile Services, diesen Prozess genauer beschreiben. Das Interview wurde von Frau Prof. Dr. Andrea Back aufgezeichnet.

Unternehmen und Kontext
Link: https://vimeo.com/69162885
Passwort: mobile

Ausgangslage und Herausforderung
Link: https://vimeo.com/69162886
Passwort: mobile

Entscheidung und Lösung
Link: https://vimeo.com/69162887
Passwort: mobile

Lessons Learned und Ausblick
Link: https://vimeo.com/69162888
Passwort: mobile

3.4 Reflexionsfragen

- Was sind die Vorteile einer Prozessanalyse?
- Ist jede Art von Kundenmehrwert über eine Prozessanalyse erkennbar?
- Wie können Optimierungspotenziale erkannt werden?
- Kann eine Prozessanalyse sogar hinderlich bei der Erkennung von Optimierungspotenzial sein?
- Hängt das Optimierungspotenzial auch von der jeweiligen Geräteklasse ab?
- Was sind weitere Hindernisse für Kundenselbstbedienungsprozesse?

3.5 Literatur

Laudon, K.C., Laudon, J. P. & Schoder, D. (2009). Wirtschaftsinformatik. 2. akt. Auflage. München: Pearson Studium.

Moon, Y. & Frei, F. X. (2000). Exploding the Self-Service Myth. Harvard Business Review, (May-June).

Osl, P. (2011). Business Engineering, Gestaltung: Ebene Prozesse (Teil 1). Vorlesung Business Engineering 2011, Universität St.Gallen.

Payne, A. & Frow, P. (2005). A Strategic Framework for Customer Relationship Management. Journal of Marketing, 69(October), (pp. 167–176).

Poluha, R. G. (2010). Anwendung des SCOR-Modells zur Analyse der Supply Chain. 5. überarb. Auflage. Lohmar: EUL.

Schindler (2013). Maintenance Methods: FieldlinkTM. Retrieved 2013, from www.schindler.com/uk/internet/en/service-maintenance/maintenance-methods.html

Spec-Net (2012). Hand Held Lift Service Device FieldLink from Schindler Lifts Australia. Retrieved 2013, from www.spec-net.com.au/press/1011/sch_121011.htm.

Walter, T. & Sammer, T. (2012). Mobile Business Solutions Studie 2012. Berlin: T-Systems MMS.

Hinweis

In diesem Kapitel wurden zahlreiche Passagen aus [Walter & Sammer, 2012] weitgehend wörtlich übernommen.

4 Technologie

In diesem Kapitel werden verschiedene Kriterien für die Technologieauswahl im Mobile-IT-Umfeld besprochen. Die größten Herausforderungen und das Spektrum an Umsetzungsvarianten in der Praxis werden aufgezeigt.

Wissensziele

- Sie wissen, welche Kriterien bei der Technologieauswahl zentral sind.
- Sie können ein Entscheidungsmodell für Mobile IT definieren.
- Sie können eine fundierte Entscheidung zur Technologieauswahl im Mobile-IT-Umfeld treffen.
- Sie kennen die gängigen Umsetzungsvarianten und können Vor- und Nachteile nennen.
- Sie kennen die gängigen Betriebssysteme, die damit verbundenen Programmiersprachen und die gängigen Umsetzungsvarianten von MBS.
- Sie kennen verschiedene Deployment- und Sicherheitskonzepte.
- Sie wissen, was eine Mobile Device Management Software (MDMS bzw. MDM) ist.

4.1 Einführung Mobile-Technologie

Nach der konzeptionellen Neugestaltung eines Prozesses stellt sich die nächste Herausforderung in der technologischen Umsetzung bzw. Implementierung des Konzepts. Die Wahl der entsprechenden Technologie dafür hängt vorwiegend von der bestehenden IT-Infrastruktur, dem bestehenden Know-how im Unternehmen und den Anforderungen des neuen Prozesses sowie den Kosten ab. Je nach Unternehmen und Technologie gibt es hier unterschiedliche Entscheidungsmodelle bzw. Kriterien, welche zur Entscheidungsfindung eingesetzt werden. Das Spektrum an genannten Kriterien in Theorie und Praxis ist dabei sehr breit. In der Regel können diese Kriterien Zielvorgaben sein, aber auch Restriktionen. Bei vielen Entscheidungen ist es des Weiteren nicht unüblich, dass diese Kriterien miteinander konkurrieren. Ein Auszug von Kriterien im Bereich Mobile IT ist im Folgenden gegeben:

- Die Eigenschaften und das Leistungsspektrum der Technologie sollen den ausgewählten Prozess bestmöglich unterstützen (funktionale Anforderungen).
- Das Investitionsvolumen und die laufenden Kosten sollen minimiert werden.
- Neue IT muss mit der bestehenden IT kompatibel sein und in die IT-Infrastruktur integriert werden.
- Die neue IT muss über entsprechende Sicherheitskriterien verfügen.
- Es muss das passende Know-how vorhanden sein (in der IT-Abteilung und bei den Benutzern) oder aufgebaut bzw. zugekauft werden.
- Die neue IT muss in entsprechendem Umfang beschaffbar sein.

Neben diesen Kriterien sind natürlich weitere Kriterien denkbar und werden auch eingesetzt. In den meisten Unternehmen hat sich allerdings ein eigenes Entscheidungsmodell etabliert, das oft nur von Fall zu Fall leicht adaptiert wird. Im Kern der meisten Entscheidungsmodelle finden sich die folgenden vier Teilbereiche:

1. Funktionale Anforderungen: Aus dem jeweiligen Prozess lassen sich verschiedene funktionale Anforderungen ableiten. Solche Anforderungen können sich auf einfache Hardware-Aspekte, wie Batteriekapazität, Bildschirmgröße etc., beziehen, aber auch auf Software-Merkmale, wie Sicherheitsstandards, Zugriffsverwaltung, Back-up-Funktionen, Löschen von Daten auf bspw. verlorenen Geräten («Remote Wipe»), Verteilung der Software und Update-Verwaltung («Deployment») etc. Um diesen funktionalen Anforderungen gerecht zu werden, müssen im Mobile-IT-Umfeld Bereiche wie die Wahl des Betriebssystems, Sicherheits- und Deployment-Konzepte berücksichtigt werden.
2. Kompatibilität: Eine der größten Herausforderungen für mobile Technologie ist in der Regel die Kompatibilität. Der Markt für mobile Betriebssysteme ist sehr dynamisch und entwickelt sich rasant. Die große Herausforderung für betriebliche Nutzung ist trotz dieser schnellen Entwicklungszyklen und der teilweise hohen Inkompatibilität zwischen den Betriebssystemen, die verschiedenen Geräte zu erreichen (als Kommunikationskanal mit öffentlichen Apps) oder sie in die IT-Infrastruktur zu integrieren (für die interne Nutzung). Im Mobile-IT-Umfeld können diese Anforderungen durch verschiedene Umsetzungskonzepte oder durch die Wahl des Betriebssystems berücksichtigt werden.
3. Beschaffung: Im Hardware-Bereich sind hier besonders die Eigenschaften der Betriebssysteme ausschlaggebend. Je nachdem, welches Betriebssystem verwendet wird, sind verschiedene Protokolle verfügbar und damit eine Anbindung an die bestehende Infrastruktur möglich oder auch nicht möglich. Im Software-Bereich ist eine zentrale Entscheidung, ob die Software gekauft oder selbst entwickelt wird («Build or Buy»). Je nach Komplexitätsgrad können Anwendungen gut von

externen Partnern implementiert werden oder es benötigt unternehmensinternes Know-how.

4. Kosten: Natürlich sind auch die Kosten immer ein zentraler Punkt. Verschiedene Ansätze, wie bspw. das Total-Cost-of-Ownership-Verfahren (TCO), können hierbei behilflich sein, um eine Entscheidungsgrundlage zu liefern. Wichtig ist auf jeden Fall, die Anschaffungs- und laufenden Kosten zu berücksichtigen.

Auf verschiedene Umsetzungsvarianten in der Praxis, die natürlich stark von den definierten Kriterien abhängen, gehen wir im folgenden Unterkapitel ein.

▶ EXKURS: VERBREITUNG VON OBJECTIVE-C

Wurden Softwareanwendungen bislang basierend auf weit verbreiteten Programmierstandards entwickelt, sind für die App-Programmierung weniger weit verbreitete Standards notwendig. Abb. 4-1 gibt einen Überblick zu der Entwicklung der Verbreitung verschiedener Programmiersprachen im Zeitraum 2002 bis 2013. Beachtlich ist der Anteil der für die Programmierung von nativen Apps für iOS bzw. Apple Produkten notwendigen Programmiersprache Objective-C: Bis Mitte 2009 betrug der Marktanteil von Objective-C deutlich unter ein Prozent. Zum Stand 2013 konnte dank eines starken Wachstums, das als nachfragetrieben bewertet werden kann, bereits ein Marktanteil von etwa 10 Prozent erreicht werden. Diese Problematik der teilweise «exotischen» Programmierstandards in Zusammenhang mit der Inkompatibilität von nativen Apps zwischen mobilen Betriebssystemen stellt eine der gewichtigsten Problemstellungen im Bereich der technischen Umsetzung dar, da die benötigten Fertigkeiten oft nur zeitversetzt aufgebaut werden und sich deutlich langsamer als die Nachfrage entwickeln.

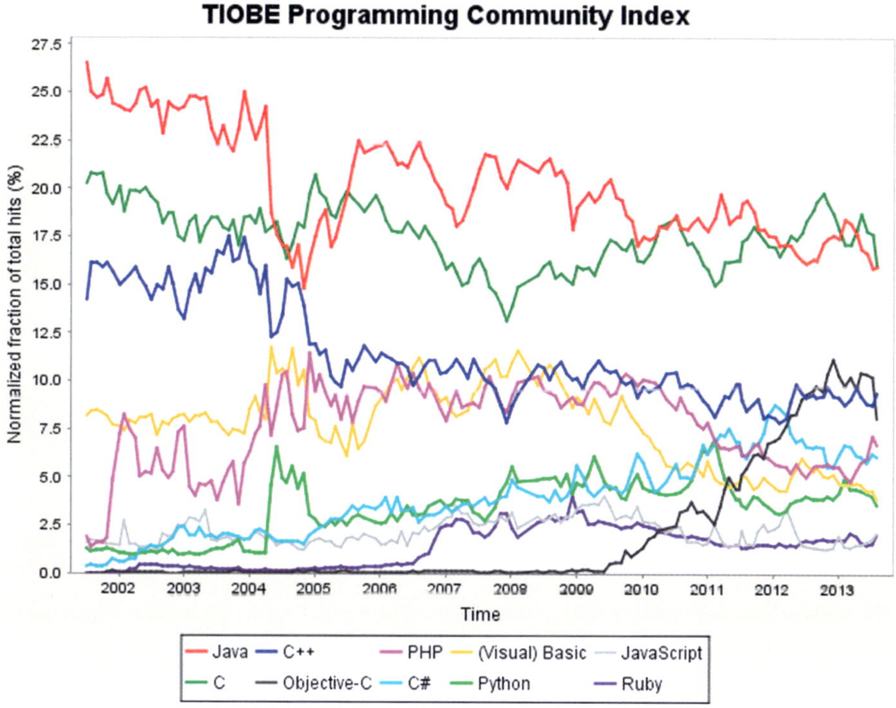

Abb. 4-1: Verbreitung von Programmiersprachen nach dem TIOBE Programming Community Index (www.tiobe.com)

4.2 Mobile-Technologie in der Praxis

Unter Berücksichtigung der angesprochenen Entscheidungskriterien kann die Wahl der entsprechenden Technologie mitunter sehr unterschiedlich ausfallen und eine umfangreiche Analyse erfordern. Bieten sich für manche Unternehmen bspw. Apps für das iOS an, sind diese bei anderen Unternehmen schlicht nicht denkbar. Diese gänzlich verschiedenen technischen Rahmenbedingungen haben dazu geführt, dass es für MBS heute eine Vielzahl an Umsetzungsvarianten auf der Basis verschiedener Betriebssysteme gibt. Hierbei müssen moderne MBS nicht generell auf den nach Downloadzahlen führenden Betriebssystemen Android oder iOS basieren. Vor allem auch lange bestehende Betriebssysteme, wie z.B. Windows Mobile 6.x, haben heute hohe Reifegrade erreicht und werden auch in den nächsten Jahren weiterentwickelt werden. Abb. 4-2 fasst vorab die Ausprägungen der Technologie-Ebenen zusammen.

Technologie					
Technische Umsetzung MBS	Stand-Alone-Lösung	Nativ	Mobile Webseite	Hybrid (Wrapper)	
Betriebssystem	iOS	Android	BB/RIM	Windows Phone	Win. Mobile 6
Sicherheitskonzept	keines	via Login (und z.B. Link via SMS)	mit Secure Container (zwei virtuelle Instanzen)	mit MDM Software und eingetragenen UDIDs	native Lösung wird nur durch IT deployed
Deployment	von IT auf das Gerät gespielt (push)	MDM Software (push)	Enterprise App Store (pull)	Links + PW (vor allem bei mobilen Webseiten)	öffentlicher App-Store (Mitarbeiter-Pin)

Abb. 4-2: BE-Modell-Technologie

Auch auf Seiten der Mitarbeitenden ist das Thema Technologie hoch relevant. Die Ergebnisse der Online-Umfrage zeigen, dass Anwender die Hardware, also das mobile Endgerät samt Peripherie, wichtiger einschätzen als die Software. Dementsprechend wird die Frage, ob eine MBS ausschließlich innerhalb eines Unternehmens verwendet werden kann, nur als die neunt-relevanteste eingestuft. Für Mitarbeitende ist es zunächst wichtiger, dass u.a. Daten zwischen all ihren Geräten (Laptop, Desktop, mobiles Endgerät) konsistent und sicher sind und darüber hinaus, dass das Endgerät selbst hochwertig und einfach zu bedienen ist. Hierzu zählt auch, dass man sich nur einmal pro Gerät einloggen möchte (Single Signon) und nicht jeweils pro MBS. Hinzu kommt der Aspekt, von überall auf die Daten zugreifen zu können, sei es auf Basis einer Datenflatrate oder der Offline-Verfügbarkeit der Daten. Unter technischen Gesichtspunkten sind somit viele der Anforderungen an die Entwicklung von MBS bereits durch die Ansprüche der Mitarbeitenden definiert. Abb. 4-3 illustriert die Wertung mit den Aspekten, die am meisten Stimmen für «must have» und «wichtig» bekommen haben, in abfallender Reihenfolge von links nach rechts, d.h. die relevantesten sind linkerhand abzulesen.

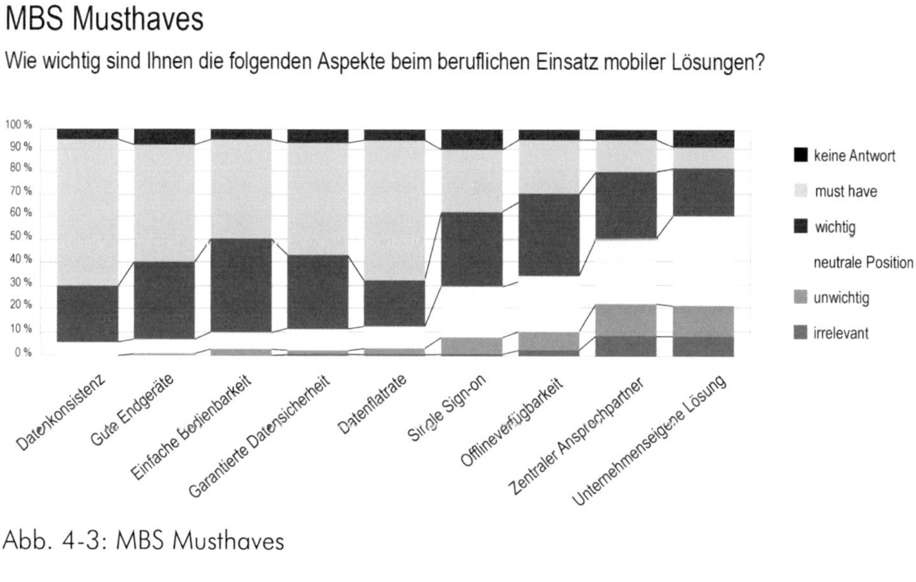

Abb. 4-3: MBS Musthaves

4.2.1 Technische Umsetzung

Auch wenn durch den derzeitigen Smartphone- und Tablet-Hype bei der technischen Umsetzung von MBS in erster Linie über native Apps, die über diverse App Stores bezogen werden können, gesprochen wird, existieren für MBS doch vier unterschiedliche Varianten der Implementierung mit verschiedenen Vorteilen, Nachteilen und Eigenschaften.

Die Stand-Alone-Lösung (mobiles Endgerät mit nur einer Applikation)

Bereits in der Pre-iPhone-Generation gab es eine Vielzahl von MBS. Deren Relevanz und heutige Reife zeigen sich an Anwendungen wie z.B. Handhelds für die Bestellungsaufnahme in Restaurants (mobile Point-of-Sale-Lösungen, vgl. z.B. [ASI, 2013] oder zur Quittierung von ausgelieferten Paketen (vgl. [Countermind, 2013]). Besonders diese etablierten und bereits seit längerer Zeit im Einsatz befindlichen MBS haben einen sehr spezifischen Einsatzzweck. Sie werden hauptsächlich im operativen Bereich eingesetzt und dienen daher klassisch einem Ausführungsprozess. Solche Speziallösungen sind auf wenige Einsatzfälle genau angepasst. Auf den Endgeräten befindet sich daher oft lediglich die MBS, weder die Telefonie- noch die Mobile-Web-Funktionalitäten werden hier freigegeben. Gerade an diese Geräte gibt es spezielle Anforderungen in Sachen Robustheit, Bedienungsfreundlichkeit und Schnittstellen. Typische Beispiele sind Wasserdichtigkeit, gut ablesbare Anzeigen, auch mit Handschuhen bedienbare Tasten oder integrierte Hochleistungs-Barcodescanner. Dies führt in den meisten Fällen zu einer sehr umfangreichen Integration von mobiler Hardware und verwendeter Applikation. Ein bekannter Hersteller solcher Lösungen ist bspw. Motorola-Solutions. In den letzten Jahren hat sich auch für diese hochspezialisierten Geräte im operativen Einsatz Windows 6.x als Standardbetriebssystem etabliert. Als Beispielfallstudie kann hier die MBS der Hamburger Hafen Logistik, welche im Containerumschlag zum Einsatz kommt, genannt werden.

Native Applikationen

Die Kategorie native Applikationen (im Weiteren auch native Apps) fasst die sogenannten Apps zusammen. Dieser sehr durch Apple geprägte Begriff bezeichnet Applikationen, die speziell für ein Betriebssystem entwickelt werden und über eine zentrale Distributionsanwendung (App Stores) zum Verkauf und zur Installation angeboten werden. Im Gegensatz zu Stand-Alone-Lösungen können auf Apps basierende Systeme vom Nutzenden individuell um Applikationen erweitert werden. Alle für das System verfügbaren Applikationen stehen über eine zentrale Plattform zur Auswahl und können den Präferenzen und Ansprüchen des Anwenders entsprechend installiert werden.

Native Applikationen werden des Weiteren genau für ein System entwickelt (bspw. iOS oder Android) und sind im Normalfall nur für dieses spezifische System verwendbar. Soll eine native App nun für Apple- und Android-Geräte verwendbar sein, muss die Anwendung eigens für jedes System, in diesem Fall also zwei Mal, implementiert werden. Alle Updates, Erweiterungen, Bug-Fixes usw. müssen ebenfalls eigens für jedes System durchgeführt werden. Im angesprochenen Anwendungsfeld schrecken die Unternehmen erstaunlicherweise davor nicht zurück. Hinzu kommt, dass sich sowohl die notwendigen Entwicklungsumgebungen, verwendeten Programmiersprachen und vorhandenen APIs stark voneinander unterscheiden. Besonders native Apps für Apple-Geräte sind als sehr speziell anzusehen und von den meisten Programmierern erst nach einer längeren Lern- und Einführungsphase programmierbar. Eine weitere Hürde bei der Programmierung von nativen Apple Apps ist die Tatsache, dass diese Apps nur auf Apple-Geräten programmiert werden können.

Im Gegensatz zur sehr spezifischen Programmierung für Apple-Geräte ist die Programmierung für Android und vor allem für Windows Phone stark an gängigen Programmierstandards angelehnt und somit weniger schwierig hinzuzulernen. Zu den Vorteilen von nativen Apps zählt vor allem die zentrale Distribution über App Stores, die es Nutzern möglich macht, Apps für ihre Bedürfnisse zu suchen und direkt zu installieren. Die teilweise sehr hohe Reichweite dieser App Stores ist auch der Grund, weshalb eine Vielzahl von Unternehmen öffentliche Apps rein zu Marketingzwecken anbieten. Native Apps weisen des Weiteren eine hohe Integration mit der Hardware auf und können meist auf alle Systemkomponenten sowie erweiterbares Hardwarezubehör zugreifen. Der Trend geht hier aktuell dahin, die mobilen Endgeräte um weitere Sensoren zu erweitern, z.B. Beschleunigungssensoren ähnlich der Lösung von Nike+ (2013), externe Geschwindigkeitssensoren oder gar Messgeräte der Medizintechnik [IBGStar®, 2013]. In der Kommunikation mit externen Sensoren etabliert sich zunehmend der 2,4GHz Übertragungsstandard ANT+ [ANT+, 2013]. Ebenfalls weisen native Apps meist die höchste Performance auf, da sie speziell für das jeweilige System kompiliert und entwickelt werden und bspw. von spezieller (Grafik-)Hardwarebeschleunigung profitieren können.

Mobile Webseiten

Mobile Webseiten sind Webseiten, die sowohl für die Bildschirmauflösung als auch Dateneingabe und Bedienung auf mobile Geräte angepasst sind. Wurden mobile Webseiten anfänglich nur dazu eingesetzt, bestehende Webseiten optimiert für mobile Geräte anzuzeigen, werden dank HTML5, CSS3, Javascript und SQL Light (im Weiteren zusammengefasst unter HTML5) mittlerweile vollwertige Applikationen als mobile Webseiten umgesetzt. Oft wird daher von Web-Apps gesprochen. Solche HTML5-Applikationen weisen einen mit nativen Apps vergleichbaren Funktionsumfang auf: Sie können auf Systemkomponenten zugreifen, zudem wie native Apps als Icon auf dem Homescreen von mobilen Geräten hinterlegt und sogar offline aufgerufen und verwendet werden. Die einfachste Variante, eine mobile Webseite (oder Web-App) auf den Homescreen zu kopieren, wird auf einigen Webseiten bereits als Pop-up angeboten. Nach Auswahl der Funktion «Zum Home-Bildschirm» erstellt sich bei

Verwenden des iOS Betriebssystems auf dem Homescreen automatisch ein sogenannter Web Clip. Diese Vorgehensweise wird in Abb. 4-4 beispielhaft an der mobilen Webseite der Universität St.Gallen dargestellt.

Abb. 4-4: Mobile Webseite der Universität St.Gallen

Der Vorteil von HTML5-Applikationen im Vergleich zu nativen Applikationen ist der verringerte Entwicklungs- und Serviceaufwand, falls die Applikation auf mehreren Systemen (bspw. Android, iOS und Windows Phone 7) verwendbar sein soll. HTML5-Apps sind mit den meisten modernen mobilen Betriebssystemen kompatibel. Im Gegensatz zu nativen Applikationen werden HTML5-Applikationen jedoch nicht über eine zentrale Distributionsanwendung bezogen, sondern über die Eingabe einer URL im Browser des mobilen Geräts. Als größter Nachteil von Applikationen als mobile Webseiten kann somit genannt werden, dass sie nicht in gängigen App Stores auffindbar sind und damit von vielen Nutzern nicht wahrgenommen werden. Eine Abhilfe zu dieser Problematik bieten Entwicklungsumgebungen wie PhoneGap [Adobe, 2013], Titanium [Appcelerator-Inc., 2013] oder Corona [Ansca-Inc., 2013], die es erlauben, aus einem Quellcode native Apps für die gängigsten Systeme zu erzeugen. HTML5-Apps können mit diesen Entwicklungsumgebungen direkt in native Apps übersetzt und auf den jeweiligen App Stores angeboten werden. Ein weiterer Vorteil von HTML5-Applikationen ist, dass die Anwender nicht explizit Updates installieren müssen, sondern immer den aktuellsten Stand benutzen bzw. aufrufen.

Ein gutes Beispiel für die Umsetzung einer MBS mittels einer mobilen Webseite liefert die Schweizerische Post. Hier wird wie oben bereits beschrieben, Mitarbeitenden, die mit einem Smartphone oder Pad-Device ausgerüstet wurden oder privat ein solches Gerät besitzen, die Möglichkeit geboten, sich damit auf Weiterbildungskurse vorzubereiten.

▶ STATEMENT AUS DER PRAXIS

«Das externe LMS (Lernmanagement-System) ist auch als mobile Webseite abrufbar. Die Inhalte liegen dabei wie in der Online-Lösung auf einer Moodle Plattform. Die Entwicklung für die mobile Webseite wurde mit einem Autorentool und auf Basis von Flash und HTML5 selbst programmiert. Dazu kommt, dass viele die Lerninhalte gerne auf ihrem privaten Gerät aufrufen möchten und wir nicht für jeden Smartphone-Typ eine native App programmieren wollen. Vom Produkt her ist unsere Idee, dass wir in der mobilen Version sogenannte «Lernhäppchen» anbieten. Das heißt, man kann auch kurze Wartezeiten (z.B. im Zug, im Postauto oder beim Arzt im Wartezimmer) zur Fortbildung nutzen. Die URL der mobilen Webseite wird einfach in einer E-Mail oder als SMS versandt und kann so bequem mit dem eigenen Login die Lernhäppchen aufstarten.»

Max Gissler, Leiter Neue Lernmedien, Die Schweizerische Post

Hybride Applikationen

Hybride Applikationen bilden eine Zwischenform der beiden Alternativen mobile Webseite oder native Applikation. Bei hybriden Applikationen handelt es sich in der Regel um native Applikationen, die mobile

Webseiten für gewisse Funktionen integrieren. Meist sind es Apps, die Browser-Fenster mit mobilen Webseiten «versteckt» einbinden. Den extremsten Fall bilden sogenannte Wrapper-Apps. Damit sind Apps gemeint, die nicht alleine ausgeführt werden, sondern in Verbindung mit einem anderen vollständig entwickelten Programm. So werden bspw. native Apps entwickelt, die über den gesamten Bildschirm einen Browser ohne Eingabeleisten legen und in diesem die eigentliche Applikation (eine mobile Webseite) aufrufen. Als mobile Webseiten entwickelte Apps können auf diese Weise nahtlos in native Apps übernommen und integriert werden. Hybride Apps sind somit native Apps, deren Funktionsumfang um Funktionen, die von mobilen Webseiten zur Verfügung gestellt werden, erweitert wird.

Der Vorteil von hybriden Apps ist, dass gewisse Funktionen ausgelagert werden können und nur einmal für alle Systeme implementiert werden müssen (die als mobile Webseite umgesetzten Funktionen sind im Gegensatz zu in nativen Apps implementierten Funktionen mit mehreren Systemen kompatibel). Ein weiterer Vorteil ist, dass bei einem Release-Wechsel für diese Funktionen kein Update der nativen App notwendig ist und die Nutzer immer auf den aktuellsten Stand zugreifen können. Als Nachteil von hybriden Apps kann genannt werden, dass speziell für den Apple App Store hybride Apps bzw. Apps, die Funktionen als Webseite auslagern, teilweise nicht für die Veröffentlichung genehmigt werden. Ein sehr gutes Beispiel für eine hybride App ist die Mobile Banking App der PostFinance, die im Folgenden erklärt wird:

Die App der PostFinance ist eine Kombination aus nativer App und Wrapper. Stellen die beiden linken Screenshots die native Ausführung dar, öffnet sich beim Klick auf die E-Finance-Funktion (2. Screenshot von links: Meine Finanzgeschäfte – E-Finance) die mobile Webseite E-Finance (3. Screenshot von links) in einem nicht sichtbaren Browserfenster. Die mobile Webseite läuft also in einem Wrapper der nativen App (vgl. Abb.

4-5). Es hat sich eine neue Menüleiste gebildet, die jener aus der nativen Lösung nachempfunden ist. Nach Login können hier alle Funktionen der Online-Banking-Webseite ausgeführt werden, jedoch kann man auch jederzeit nach Logout zur nativen Lösung Home, Schnellservice oder mehr (z.B. Bankomatfinder) zurückkehren, ohne den Wrapper zu verlassen.

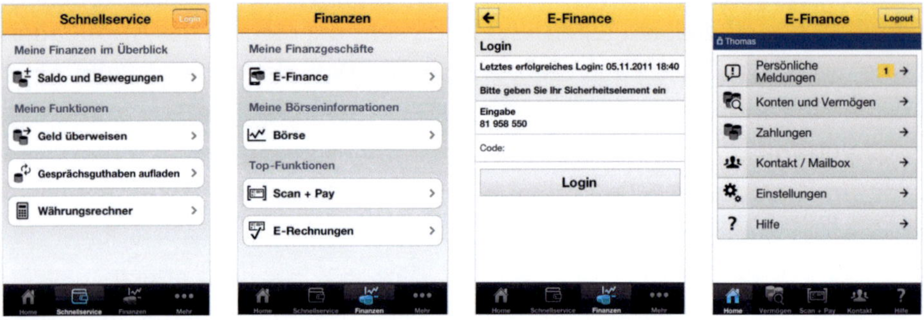

Abb. 4-5: Screenshots PostFinance App, native Lösung und Wrapper

4.2.2 Betriebssysteme

Differenzieren sich moderne Smartphones meist nur geringfügig über Hardware-Merkmale, zeigt sich bezogen auf die verwendeten Betriebssysteme eine weite Vielfalt an unterschiedlichen Herstellern, Funktionen und Eigenschaften, die mitunter zu größeren Kompatibilitätsproblemen führen. Im Folgenden betrachten wir die in der Studie identifizierten mobilen Betriebssysteme und beschreiben deren unterschiedliche Ausprägungen. Da die Entwicklung im Bereich App Stores sehr dynamisch ist, verweisen wir an dieser Stelle auf einen laufend gepflegten Wikipedia-Eintrag[1] mit einer Übersicht zu den wichtigsten App Stores inkl. den entsprechenden Kennzahlen.

1 http://en.wikipedia.org/wiki/List-of-mobile-software-distribution-platforms

Android

Android ist ein freies Betriebssystem für mobile Geräte und wird hauptsächlich für Smartphones, Tablets oder Netbooks verwendet. Die Entwicklung von Android wird hauptsächlich von Google getrieben und finanziert. Als Betriebssystem angeboten wird Android von Hardwareherstellern wie Samsung, HTC, LG oder Motorola. Android verfügt über einen zentralen App Store, weitere Alternativen werden jedoch auch angeboten. Die hohe Beliebtheit von Android-Produkten hat Android zum am weitesten verbreiteten Betriebssystem für Smartphones im Konsumentenbereich wachsen lassen.

Die Programmierung von Android Apps orientiert sich weitgehend an etablierten Standards und basiert auf Java und HTML. Android App-Programmierung wird ebenfalls von weit verbreiteten integrierten Entwicklungsumgebungen (IDEs) wie Eclipse oder NetBeans angeboten. Ebenfalls besteht die Möglichkeit, über Cross-Plattform-Entwicklungsumgebungen wie Modo [Modo-Labs-Inc., 2013] Apps in C# zu programmieren. Generell ist die Android App-Programmierung für die meisten Programmierer mit Java-Erfahrung ohne lange Vorlaufzeit möglich. Diese starke Orientierung an etablierten Standards erlaubt es auch Programmierern ohne Spezialisierung auf App-Programmierung, Apps umzusetzen. Dies wird von einigen Teilnehmern unserer Studie auch als Grund dafür genannt, warum erste Apps für Versuchsläufe oft intern und als Android-App umgesetzt werden.

Innerhalb der Fallstudien wird Android als die «aufstrebende Plattform» wahrgenommen. Zwar wurde in keinem der Fälle eine native Lösung für Android entwickelt, jedoch wird stets positiv über Android berichtet. Android werden zwei zentrale Vorteile (meist gegenüber iOS) zugesprochen.

1. Einfachheit in der Entwicklung und im Deployment.
2. Kostengünstige Entwicklung dank bekannter IDE.

Als Beispiel kann hier die Hamburger Hafen Logistik genannt werden. Neben der MBS für den Containerumschlag hat man hier überlegt, den anliefernden und abholenden Truckern eine App zur Auftragsverwaltung und Navigation auf dem Hafengelände zur Verfügung zu stellen. Die Wahl fiel auf Android. Zum einen auf Basis der zwei genannten Vorteile, zum anderen, da man erwartet, dass die Zielgruppe eher Android-basierte Endgeräte als bspw. iOS oder Blackberry besitzt.

Blackberry OS

Das vom kanadischen Unternehmen Blackberry (ehem. Research in Motion) entwickelte Betriebssystem Blackberry OS kommt ausschließlich auf den gleichnamigen Smartphones zum Einsatz. Der Blackberry ist ein stark auf den Geschäftseinsatz ausgelegtes Smartphone mit Fokus auf Schreiben und Lesen von E-Mails und hohen Sicherheitsstandards (AES 256 Verschlüsselung des Datenverkehrs und am Gerät). Seit 2009 bietet Blackberry OS einen nativen App Store, die App World, an. Mit der Einführung des PlayBooks, dem ersten Media Tablet von Blackberry, hat Blackberry ein für Media Tablets optimiertes Betriebssystem, Blackberry PlayBook OS, veröffentlicht. Als Weiterentwicklung von PlayBook OS wurde 2013 das neue Betriebssystem Blackberry 10 vorgestellt. Blackberry 10 positioniert sich als Betriebssystem mit höchsten Sicherheitsansprüchen und einem Komfort, der mit Konsumentengeräten vergleichbar ist. Eine neuartige Funktion von Blackberry 10 ist Blackberry Balance. Damit ist es möglich, private Daten getrennt von geschäftlichen Daten am selben Gerät aufzubewahren. Blackberry möchte damit eine saubere und sichere Trennung zwischen geschäftlicher und privater Nutzung erreichen. Mit Blackberry 10 wurde der Markt für Entwickler weit geöffnet, und es werden eine Reihe von Technologien (C, C++, HTML5 WebWorks, Adobe Air Actionscript, Java für Blackberry Apps und als Emulator für Android Apps) zur Entwicklung von Apps unterstützt [Blackberry, 2013].

Im Rahmen der Fallstudien kommt Blackberry Smartphones eine besondere Stellung zu. Sie befinden sich bei allen beteiligten Unternehmen im Einsatz, jedoch basiert keine der angesprochenen MBS auf Blackberry OS. Bei der Geräte- bzw. OS-Auswahl steht Blackberry schlicht nicht zur Debatte, den Geräten wird lediglich die Funktion als Telefon, Adressbuch, Terminkalender und als E-Mail Client zugesprochen. Im Rahmen der Studie kann hier von einem klaren Imageproblem des Blackberry bzgl. MBS gesprochen werden. Dies ist insofern interessant, da eine auf Blackberry basierende MBS mit hoher Wahrscheinlichkeit intern entwickelt werden könnte, da sich die Entwicklung prinzipiell an etablierten Softwareentwicklungsstandards wie z.B. Java orientiert. Des Weiteren wäre für eine auf Blackberry basierende MBS die professionelle Verwaltungssoftware (MDM) bereits angeschafft und integriert.

Symbian

Symbian wird maßgeblich von Nokia eingesetzt und findet überwiegend Verbreitung auf Nokia Smartphones und PDAs. Symbian ist ein offenes Betriebssystem (vergleichbar mit Android) und unterstützt App-Programmierung in einer Vielzahl von etablierten Programmiersprachen (C++, Java, Phython, Ruby, Flash Lite und weitere). Aufgrund der starken Verbreitung von Nokia-Geräten war Symbian über Jahre hinweg eines der weitverbreitetsten Betriebssysteme für mobile Geräte. Da sich die mit Symbian ausgestatteten Nokia-Geräte allerdings kaum gegen die Konkurrenz von Android und iOS behaupten können, verliert Symbian kontinuierlich an Bedeutung. Im Februar 2011 wurde die Weiterentwicklung von Symbian durch Nokia beendet. Diese Entwicklung spiegelt sich ebenfalls in den Aussagen der Studienteilnehmer wider, die anfangs aufgrund der hohen Verbreitung von Symbian-Geräten besonders im B2C-Bereich Apps mit Symbian-Unterstützung entwickelt haben, aber mittlerweile die Weiterentwicklung von Symbian-Apps eingestellt haben.

Windows Mobile 6

Windows Mobile ist ein primär für Pocket PCs entwickeltes und auf die Eingabe per Stift ausgelegtes Betriebssystem. Windows Mobile Geräte existieren bereits seit Anfang 2000 und unterstützen das .NET Framework und Visual C++. Sowohl die IDE als auch das verwendete Framework und die Programmiersprache orientieren sich an klassischer Windows Desktop-Anwendungsprogrammierung. Neben Geräten für den Konsumentenmarkt konnte sich Windows Mobile vor allem auch auf Handhelds für die Industrie etablieren. Windows Mobile 6 kann derzeit als Standardbetriebssystem für Mobile Business Solutions im operativen Bereich angesehen werden und ist das Standardbetriebssystem für spezialisierte Handhelds, wie sie von HP oder Motorola Solutions für die Industrie angeboten werden (vgl. Kapitel Stand-Alone-Lösungen). Diese starke Etablierung als Standardbetriebssystem für speziell auf operative Tätigkeiten ausgelegte Geräte spiegeln auch die letzten Versionen von Microsofts Smartphone-Betriebssystemen wider. Microsoft bietet derzeit zwei Varianten an: Windows Embedded [Microsoft, 2013a] und Windows Phone.

Windows Phone

Die Windows Phone Serie stellt ein komplett für Multi-Touch-Eingabe und Smartphones konzipiertes Betriebssystem von Microsoft dar. Mit Windows Phone wurde die Oberfläche komplett neu gestaltet und auf Smartphones ausgelegt (im Gegensatz zu Windows Mobile bzw. jetzt neu benannt Windows Embedded, welches an der Desktop-Variante von Windows stark angelehnt ist und für die Eingabe per Stift konzipiert wurde). Mit Windows Phone Marketplace bietet Microsoft ebenfalls einen App Store an. Neben den über den App Store beziehbaren Apps verfügen Windows Phones bereits über eine native und für Smartphones optimierte Version von Microsoft Office inkl. SharePoint und Microsoft Exchange-Server-Anbindung [Microsoft, 2013b]. Die Programmierung von Windows Phone Apps orientiert sich stark an etablierten Programmierstandards für die Windowsprogrammierung und verwendet Microsoft Visual Studio. Die Apps werden in C# und VB.NET in den Technologien Silverlight und XNA entwickelt. In den Interviews konnte erkannt werden, dass großes Interesse an Windows Phone besteht, es jedoch als die «große Unbekannte» mit großem Potenzial für die kommenden Jahre eingeschätzt wird. Besonders interessant sehen viele Anwender die Kombination von Windows Phone für Smartphones und Windows 8 für Tablets bzw. Notebooks. Die beiden Betriebssystemvarianten sind sehr ähnlich und zeichnen sich durch hohe Kompatibilität aus.

iOS

iOS wurde gleichzeitig mit der ersten Generation von iPhones veröffentlicht. Das Betriebssystem und dessen UI wurden dabei auf Multi-Touch-Eingabe (Eingabe per Finger und durch Mehrfingergesten) optimiert. Apple schuf damit einen neuen Standard in der Interaktion mit mobilen Geräten. Eine weitere Neuerung von iOS war der App Store, der es den Benutzern ermöglicht, über eine zentrale Applikation neue Apps zu kaufen und zu installieren. Seit 2010 setzt Apple auch stark auf die Vermarktung der Geräte als businesstauglich [Apple Inc., 2013]. Da sich iOS eng an Apples Betriebssystem OS X orientiert, werden native iOS-Apps ebenfalls mit der für OS X-Anwendungen verwendeten IDE X-Code programmiert. Die IDE sowie die verwendete Programmiersprache Objective C unterscheiden sich weitgehend von anderen Programmierstandards und sind nur mit OS X kompatibel. Daraus ergibt sich, dass für die Entwicklung von iOS-Apps zwingend Apple Geräte angeschafft werden und die Programmierer sowohl mit X-Code als auch Objective C vertraut sein müssen. Diese zwei Barrieren sind ebenfalls der Grund, weshalb auf iOS basierende MBS selten von Unternehmen intern entwickelt werden und die Aufträge meist an externe Unternehmen vergeben werden. Diese Barrieren bestehen jedoch auch für größere Softwarehäuser. So verfügen nur wenige etablierte Softwarehäuser über tiefe Projekterfahrung in der iOS-Entwicklung. In den zwei Jahren vor dem Erhebungszeitraum 2011 der Studie haben sich aus diesem Grund häufig kleine, spezialisierte Softwareentwickler, teils auch Agenturen, darin hervorgetan.

4.2.3 Sicherheitskonzepte

Nachfolgend werden alle Sicherheitskonzepte erklärt, welche innerhalb der Fallstudien von Unternehmen eingesetzt wurden, um die MBS zu schützen. Die Auflistung nimmt daher keine Wertung vor, denn die Anforderungen an die Datensicherheit waren zwischen einzelnen Fallstudien zu unterschiedlich.

Login mit PIN

Das Mindestmaß an Sicherheit bietet der beschränkte Zugriff auf mobile Geräte über das Anmelden per PIN (4- oder 8-stellige Zahlenkombination). Dieser Authentifizierungsmechanismus steht als Standard bereits für die meisten Geräte zur Verfügung. Somit wird verhindert, dass Unbefugte das Gerät bedienen können. Die Zugriffssicherung per PIN bietet jedoch keinerlei Schutz gegen Hackerangriffe, Viren oder einen direkten Zugriff auf das Speichermedium (z.B. falls die Harddisk oder SD-Karte aus dem Gerät entfernt und über ein anderes Gerät ausgelesen wird).

Der sichere Container

Ein sicherer Container bzw. «Secure Container» (SC) ist im Prinzip eine native App, welche auf Smartphones oder Tablets installiert wird. Wird die App geöffnet, muss sich der Mitarbeitende mittels seiner Zugangsdaten authentifizieren, um Zugriff auf den SC zu erhalten. Der SC beinhaltet dabei einen verschlüsselten Datenspeicher und eine virtuelle Laufzeitumgebung, in welcher sowohl Unternehmensdaten als auch Unternehmens-Apps isoliert vom Host-System und geschützt von externen Zugriffen sind. Der Zugriff auf Unternehmensdaten und -Apps ist somit nur über eine ausführliche Authentifizierung möglich. Da sämtliche im SC enthaltene Daten verschlüsselt sind, ist der Zugriff direkt über das Speichermedium ebenfalls nicht ohne Weiteres möglich. Dies ist z.B. hilfreich, falls das Gerät verloren geht. Diese Lösung wird besonders im Zusammenhang mit BYOD-Strategien angewandt und bietet die Möglichkeit, ohne großen Aufwand eine zweite sichere Laufzeitumgebung auch auf privaten Geräten der Mitarbeitenden zu erstellen. Der SC kann somit als sehr gute Sicherheitsmaßnahme zum Schutz von Daten und Unternehmens-Apps angesehen werden.

Mobile Device Management Software

Mobile Device Management Software (MDMS) wird von verschiedensten Anbietern mit unterschiedlichen Features und Eigenschaften angeboten. Genannt wurden unter anderem die Produkte der Unternehmen Good[2], equinux[3], Microsoft[4] und SAP[5] (Sybase). Eine MDMS erlaubt das zentrale Verwalten von mobilen Geräten im Unternehmenseinsatz. Funktionen wie das Verteilen von Daten, Anwendungen (Apps) und Konfigurationseinstellungen können zentral über das MDMS vorgenommen werden. Über MDMS können zentral das Sichern, Schützen, Überwachen, Konfigurieren, Managen und Installieren von Software sowie Service-Dienste unterstützt werden. War MDMS anfänglich meist nur für ein Betriebssystem bzw. eine Geräteklasse einsetzbar, gibt es mittlerweile Lösungen, die

2 www.good.com
3 www.tower-one.net
4 http://bit.ly/1dPpYj6
5 http://bit.ly/11uBvJE

beinahe alle gängigen mobilen Geräte bzw. Betriebssysteme unterstützen und verwalten können. Eine Voraussetzung für die MDMS ist jedoch, dass sämtliche verwalteten Geräte zentral (z.B. mit UDDI) registriert sind. Daraus ergibt sich, dass die Geräte zumindest einmal von der verwaltenden Organisationseinheit entsprechend konfiguriert und erfasst werden. Eine MDMS wird von beinahe allen befragten Unternehmen eingesetzt und kann bereits als Grundvoraussetzung für den effektiven Einsatz von Smartphones im Unternehmen angesehen werden. Für die Unternehmen in der Studie stellt die Auswahl einer MDMS ein klassisches Beschaffungsprojekt dar. Oft wurde auch gemerkt, dass die etablierten Partner, wie bspw. SAP, direkt an Großunternehmen herantreten.

Kombinationslösung

Da keine der oben beschriebenen Lösungen alleine einen vollumfänglichen Schutz bietet bzw. sowohl das zentrale Verwalten von Geräten als auch das sichere Ablegen und Ausführen von Unternehmensdaten bzw. Unternehmens-Apps einen hohen Stellenwert haben, kommt meist eine Kombination aus dem bereits vom Betriebssystem angebotenen Login-Mechanismus per PIN, einem SC und einer zentralen MDMS zum Einsatz. Erst die Kombination aus diesen drei Varianten ergibt ein für viele Unternehmen notwendiges Maß an Sicherheit, Administrationsmöglichkeit und Servicegewährleistung. Ein Paradebeispiel für ein Kombinations-Sicherheitskonzept wurde in der EVONIK-Fallstudie beschrieben. Hierzu Wolfgang Gladbach, Leiter Innovation EVONIK:

▶ STATEMENT AUS DER PRAXIS

«Gerade weil die Lösung für die Führungsetage ist und da wir jetzt in das Thema iPad starten, haben wir uns zu Beginn über Datensicherheit am meisten Gedanken gemacht. Wir haben als Grundlage eine MDM-Plattform, über die wir zunächst die Geräte zentral verwalten.

Somit können wir steuern, wer welche Informationen beziehen darf. Auf dem Gerät ist dann ja erst einmal ein vierstelliger PIN nötig. Zudem wird auf jedem Gerät eine Secure-Container-Lösung installiert. Nur über die können die Anwender auf die sensiblen Daten zugreifen. Für den Container ist ein weiterer achtstelliger PIN nötig. In dieser Kombination sind Bruteforce-Attacken zum Beispiel schon gar nicht mehr möglich. Geht das Gerät verloren, sperren wir es zudem remote über die MDM-Lösung.»

Wolfgang Gladbach, Leiter Innovation EVONIK

IT installiert Stand-Alone-Lösung

Spezielles Beispiel für Security:

Eine spezielle Form der Sicherheit war im Fallbeispiel von Fraport und Lufthansa zu sehen. Die Endgeräte sind hier typische Multi-User-Geräte, das heißt, die Mitarbeitenden übergeben das Endgerät von Schicht zu Schicht. Die Personalisierung erfolgt lediglich beim Login (Abb. 4-6 links). Da die Akkulaufzeit jedoch auch bei diesen Motorola-Geräten begrenzt ist, wurde die 1,5-fache Anzahl an Endgeräten angeschafft, welche gleichzeitig während einer Schicht einsatzbereit sein muss. Die nicht im Einsatz befindlichen Endgeräte werden in dieser Zeit in einem Tresorraum geladen. Hierzu checken die Mitarbeitenden bei Schichtantritt oder -ende in einem Zeiterfassungssystem ein. Hierauf öffnet sich im Tresorraum automatisch ein Fach, in dem sich ein vollständig geladenes Endgerät befindet. Abb. 4-6 rechts zeigt diesen Ladetresor.

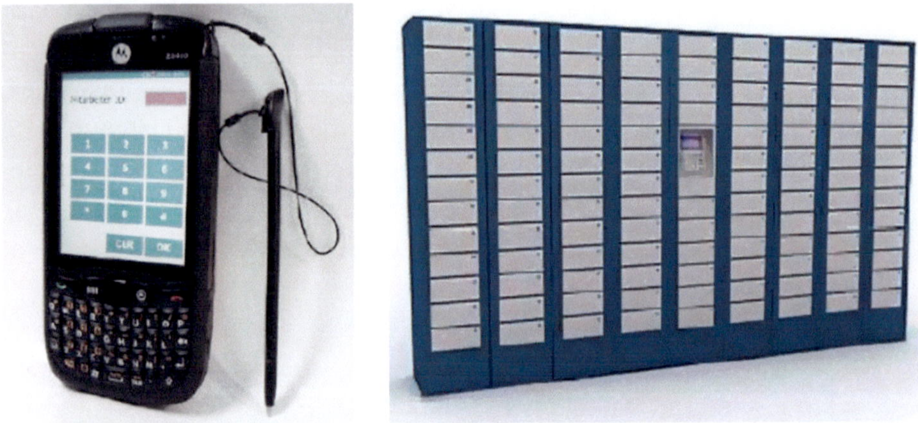

Abb. 4-6: Beispiel Handheld und Tresor für MBS von Lufthansa und Fraport

4.2.4 Deployment der MBS

Werden MBS entwickelt oder neue Versionen einer MBS freigegeben, müssen diese auch auf die Geräte der betroffenen Mitarbeitenden aufgespielt werden. Bei Stückzahlen von teilweise bis zu Tausenden im Unternehmen eingesetzten mobilen Geräten und unterschiedlichen Systemen stellt dies eine gewisse Herausforderung für IT-Abteilungen dar. Die verschiedenen Ansätze lassen sich anhand der Dimension Push vs. Pull charakterisieren. Bei Push-Lösungen wird die Anwendung direkt von einer zentralen Organisationseinheit auf die verwalteten Geräte aufgespielt. Bei Pull-Lösungen werden die Anwendungen den Mitarbeitenden zentral bereitgestellt und die Mitarbeitenden entscheiden selbst, je nach Bedarf, ob sie die Anwendung installieren oder nicht.

Vor Ort durch die IT (push)

Gerade bei MBS im operativen Bereich werden Anwendungen oft zentral und vor Ort von der IT-Abteilung aufgespielt. Das beste Beispiel sind die beschriebenen Stand-Alone-Lösungen. Diese Art des Deployment kann als die ressourcenintensivste Art der Software-Verteilung angesehen werden. Hier ist es bei jedem Release-Wechsel notwendig, dass sämtliche betroffene Geräte zentral und einzeln neu bespielt werden müssen. Die Ineffizienz dieser Variante ist offensichtlich und wird - wenn gewollt - über den Sicherheitsaspekt begründet.

Via MDM Software (push)

MDM Software erlaubt es, zentral Anwendungen auf einzelne Geräte, Gruppen von Geräten oder auf sämtliche verwaltete Geräte «Over the Air» aufzuspielen. Der Benutzer bemerkt den Installationsprozess in der Regel nicht und erhält jeweils die für sein Gerät bzw. für seine Rolle vorgesehenen Anwendungen im Hintergrund installiert und aktualisiert. Die Verwaltung erfolgt somit zentral und die verwaltende Organisationseinheit übernimmt die Verantwortung, dass die richtige Software in der passenden Version auf den jeweiligen Geräten zur Verfügung steht. Für eine solche Lösung ist jedoch eine Voraussetzung, dass sämtliche verwaltete Geräte (z.B. über die UDDI) zentral registriert sind.

Enterprise App Store (push-pull)

Ein Enterprise App Store (EAS) ist im Prinzip eine Plattform für native Apps, über welche Mitarbeitenden eines Unternehmens MBS zur Verfügung gestellt werden (Push-Prinzip) können. Den Mitarbeitenden wird es somit erlaubt, vom Unternehmen zur Verfügung gestellte Apps je nach eigenem Bedarf oder zuvor definierter Rolle selbst zu installieren (Pull-Prinzip). Die Funktionsweise für den Benutzer ist dabei gleich wie in öffentlichen App Stores. Über solche EAS können sowohl selbst entwickelte Apps als auch kommerzielle Apps von Drittanbietern, welche über eine Firmenlizenz den Mitarbeitenden des jeweiligen Unternehmens zur Verfügung stehen, angeboten werden. Die im EAS angebotenen Apps werden zentral von einer Organisationseinheit im jeweiligen Unternehmen verwaltet. Generell handelt es sich bei einem EAS jedoch nur um ein Angebot, den Mitarbeitenden werden höchstens Empfehlungen ausgesprochen. Diese Deployment-Variante wurde innerhalb der Fallstudien durchweg als die Variante der Zukunft eingestuft, existierte aber zum Zeitpunkt der Erhebung in 2011 noch in keinem der befragten Unternehmen. Das Potenzial wird also sehr hoch eingeschätzt, die Barrieren liegen heute in der Unklarheit über Angebot, Kosten oder rechtliche Rahmenbedingungen. Generell kann festgehalten werden, dass sich der Markt für EAS noch im Aufbau befindet [Gartner, 2013].

E-Mail-Link Download (push-pull)

Eine weitere Variante des zentralen Deployment ist das Versenden von Downloadlinks. Jenen Mitarbeitenden, welche eine bestimmte App benötigen, wird von einer zentralen Organisationseinheit eine E-Mail oder ein SMS mit einem beigefügten Link (URL) zugeschickt. Wird diese Nachricht auf dem mobilen Gerät vom Mitarbeitenden geöffnet und der beigefügte Link aufgerufen, wird die jeweilige App heruntergeladen und installiert. Diese Variante des Deployment erlaubt nur eine relativ geringe zentrale Verwaltung von Apps und wird besonders dann eingesetzt, wenn die einzelnen Geräte nicht zentral erfasst sind (bspw. da es sich um private Geräte handelt). Mit dem Fehlen einer zentralen Registrierung der Geräte wird so umgegangen, dass die E-Mail-Adressen oder Telefonnummern der Nutzer der verwaltenden Organisationseinheit bekannt sind und die Verteilung der Anwendung so adressiert wird. Beschreibend für diese Variante ist das Beispiel der Schweizer Post, welche ihre als Web-App umgesetzte mobile E-Learning-Lösung (für 25.000 Angestellte) über SMS bereitstellt.

Öffentlicher App Store (pull)

Prinzipiell steht es jedem Unternehmen offen, seine Apps in einem öffentlichen App Store anzubieten. Da diese Angebote jedoch öffentlich sichtbar sind und prinzipiell von jedem Anwender bezogen werden können, wird diese Variante meist nur gewählt, um Apps an unternehmensexterne Anspruchsgruppen zu verteilen (Partnerunternehmen, Kunden oder Konsumenten). Beispiele sind etwa Ticketing-Apps von Fluglinien, Mobile-Banking-Anwendungen oder digitale Werbeunterlagen, welche für die Kunden bestimmt sind. Auch MBS werden über öffentliche App Stores bereitgestellt. Die Anwender laden sich diese dann selbst herunter, verwendet werden können sie jedoch nur nach einem Login innerhalb der App. Ein Beispiel stellt die bereits beschriebene MBS von Daimler Fleetboard dar:

Die App an sich ist kostenlos, denn der Wert der App – also die Möglichkeit, als Logistikdienstleister seine Flotte zu tracken und zu managen – basiert auf einem komplexen Telematik-Service. Bestandskunden werden also lediglich auf das zusätzliche App-Angebot im Apple App Store hingewiesen. Da die Anwender, also leitende Angestellte bei Spediteuren, oft ein iPad besitzen, geben diese dann in der App ihren Flottennamen und ein individuelles Passwort ein. Über eine verschlüsselte Verbindung bezieht dann die App die Daten aus dem Telematik-System, anschließend erfolgt die visuelle Aufbereitung auf dem Tablet oder iPhone.

Neben dem öffentlichen Zugriff ergeben sich noch weitere Aspekte beim Deployment über öffentliche App Stores. So ist für die Veröffentlichung auf einigen App Stores (bspw. dem Apple App Store) eine ausführliche Prüfung durch den Betreiber des App Store vorgesehen. Diese Prüfungen können unter anderem relativ viel Zeit in Anspruch nehmen und sind ebenfalls aus rechtlicher Perspektive kritisch zu beurteilen. Als Beispiel kann die ehemalige iOS-App der Financial Times genannt werden. Über die Verbreitung durch den Apple App Store konnte Apple rechtliche Ansprüche auf die Kunden- bzw. Abonnentendaten der Financial Times (FT) erheben. Als Konsequenz wurde die native FT iOS-App aus dem Apple App Store entfernt und von FT als offlinefähige HTML5 Web-App neu implementiert und steht Apple Kunden nun ausschließlich in dieser Form zur Verfügung [Reuters, 2011].

4.3 Fallbeispiel: Mobiles Endgerät der Lokführer

Der SBB Konzern ist aufgeteilt in die vier Divisionen Personenverkehr, Güterverkehr (SBB Cargo), Infrastruktur und Immobilien. Hinzu kommen die Steuerungs- und Dienstleistungsfunktionen, denen unter anderem das Personal- und Finanzwesen angehören. Im folgenden Interview werden Erich Siegrist, Leiter Technologiearchitektur, und Philip Büchler, Domain Architect ICT Workplace, einen Fall zur Auswahl des neuen mobilen Endgeräts für Lokführer besprechen. Das Interview wurde von Thomas Sammer aufgezeichnet.

Unternehmen und Kontext
Link: https://vimeo.com/69162889
Passwort: mobile

Ausgangslage und Herausforderung
Link: https://vimeo.com/69164156
Passwort: mobile

Entscheidung und Lösung
Link: https://vimeo.com/69164157
Passwort: mobile

Lessons Learned und Ausblick
Link: https://vimeo.com/69967646
Passwort: mobile

4.4 Reflexionsfragen

- Welche Kriterien für die Wahl der richtigen Technologie erachten Sie als besonders wichtig?
- Was sind Konsequenzen, wenn wichtige Kriterien übersehen werden?
- Wie soll mit der starken Dynamik in diesem Umfeld umgegangen werden?
- Welche Aspekte sind bei Build-or-Buy-Entscheidungen wichtig?
- Welche Probleme können sich ergeben, wenn Konsumenten-IT im Unternehmen verwendet wird (besonders auf mittlere Frist)?

4.5 Literatur

Adobe (2013). PhoneGap. Retrieved 2013, from http://phonegap.com.

Ansca-Inc. (2013). Corona SDK – Ansca Mobile's cross-platform mobile app development tool. Retrieved 2013, from www.anscamobile.com/corona.

ANT+ (2013). This is ANT, the Wireless Sensor Network Solution. Retrieved 2013, from www.thisisant.com.

Appcelerator-Inc. (2013). Titanium Mobile Application Development. Retrieved 2013, from www.appcelerator.com/platform/titanium-platform.

Apple Inc. (2013). Apple – iPhone – iPhone in Business. Retrieved 2013, from www.apple.com/iphone/business.

ASI (2013). Restaurant Software Point Of Sale - Restaurant Manager. Retrieved 2013, from www.rmpos.com.

Blackberry (2013). Platform Choice. Retrieved 2013, from http://developer.blackberry.com/platforms.

Countermind (2013). Mobile solutions for transportation, delivery, and manufacturing. Retrieved 2013, from www.countermind.com.

Gartner (2013). Gartner Says That by 2017, 25 Percent of Enterprises Will Have an Enterprise App Store. Retrieved 2013, from www.gartner.com/newsroom/id/2334015.

IBGStar® (2013). iBGStar® - the blood glucose meter that fits into the rhythm of your life. Retrieved 2013, from www.bgstar.com.

Microsoft (2013a). Windows Embedded. Retrieved 2013, from www.microsoft.com/windowsembedded.

Microsoft (2013b). Microsoft WindowsPhone - Office Mobile: Office Hub. Retrieved 2013, from www.windowsphone.com/de-ch/how-to/wp8/office/office-hub.

Modo-Labs-Inc. (2013). Modo Labs - KurogoTM Mobile Optimized MiddlewareTM. Retrieved 2013, from www.modolabs.com/platform.

Nike+ (2013). Apple - Run or workout with Nike + iPod. Retrieved 2013, from www.apple.com/ipod/nike.

Reuters (2011). Financial Times pulls its apps from Apple store. Retrieved 2013, from www.reuters.com/article/2011/08/31/us-apple-ft-idUSTRE77U1O020110831.

5 Kultur, Führung und Verhalten

In diesem Kapitel sprechen wir über die Grundlagen der Organisationskultur und ihren Einfluss auf die Akzeptanz von Mobile IT in Unternehmen. Wir möchten ein Bewusstsein für diesen Faktor schaffen und stellen ein Modell zur Messung von verschiedenen Ausprägungen von Organisationskultur vor. Im Praxisteil zeigen wir den Einfluss von Kultur anhand verschiedener Gestaltungsmöglichkeiten von Mobile-Projekten.

Wissensziele

- Sie verstehen den Kulturbegriff nach Edgar Schein.
- Sie verstehen das Kulturebenen-Modell.
- Sie verstehen den Zusammenhang zwischen kollektiven Werten und Akzeptanz von Technologie.
- Sie sind sich bewusst, dass kollektive Werte die Entscheidung für oder gegen eine Technologie beeinflussen können.
- Sie verstehen, dass eine Diskrepanz zwischen den kollektiven Werten von Anwendern und den Werten, die mit einer MBS verbunden werden, zu Akzeptanzproblemen führen kann.
- Sie verstehen das Competing Values Model und können verschiedene Typen an Organisationskulturen nennen.

5.1 Einführung Kultur

Kultur ist etwas sehr Selbstverständliches. Jede Person, jedes Unternehmen und ganze Nationen haben eine kulturelle Prägung, die in verschiedensten Facetten erkennbar ist. Diese Selbstverständlichkeit führt allerdings auch dazu, dass der Einfluss von Kultur meist nicht offensichtlich ist bzw. unbewusst abläuft. Generell ist das Thema Kultur daher schwer fassbar und zeigt je nach Kontext (Individuum, Organisation, Nation) verschiedene Facetten, die auch zu unterschiedlichen Definitionen beigetragen haben. Wir werden uns primär an der Organisationskultur orientieren und folgen dem Kulturverständnis nach Edgar Schein. Die Effekte der nationalen Kultur nach Hofstede werden wir in diesem Buch nicht behandeln. In internationalen Konzernen können diese allerdings auch relevant sein, weshalb wir an dieser Stelle auf weiterführende Literatur [Burch, 2012] verweisen.

DEFINITION: KULTUR

Kultur ist «ein Muster grundlegender Annahmen - erfunden, entdeckt oder entwickelt von einer vorgegebenen Gruppe, während diese lernt, mit den Problemen der externen Adaption und internen Integration umzugehen –, die gut genug funktionierten, um (von dieser Gruppe) als gültig angesehen zu werden und die deshalb neuen Mitgliedern vermittelt werden als richtige Methode der Wahrnehmung, des Denkens und des Fühlens bezüglich dieser Probleme.»
Quelle: [Schein, 1985].

Ein zentrales Element des Kulturverständnisses nach Schein ist das Kulturebenen-Modell. In diesem Modell wird der Kulturbegriff durch die Aufteilung nach voneinander abhängigen bzw. sich beeinflussenden Ebenen dargestellt.

Der eigentliche Kern der Kultur, und damit die tiefste Ebene, stellen **Grundannahmen** dar. Grundannahmen sind Dinge, die als selbstverständlich angenommen werden und festlegen, wie auf die Umwelt reagiert wird. Diese Grundannahmen (engl. basic assumptions) sind unbewusst im Handel verankert und werden nicht hinterfragt oder diskutiert.

Dieser Kern, die Grundannahmen, prägt auch wesentlich die Gefühl von Personen, wie die Dinge sein sollen. Hier ergeben sich **kollektive Werte**, beispielsweise Ehrlichkeit, Freundlichkeit, Offenheit für Innovation, Sicherheitsverlangen usw. Diese Werte beeinflussen das Verhalten und die Entscheidungen von Mitarbeitenden.

Die Oberfläche des Modells, und damit die «sichtbarste» Ebene, bilden **sichtbare Verhaltensweisen und physische Manifestierungen**, wie Artefakte oder Erzeugnisse. So kann bspw. der Einsatz einer speziellen Technologie als Artefakt wahrgenommen werden und eine Ausprägung der tieferen Schichten darstellen.

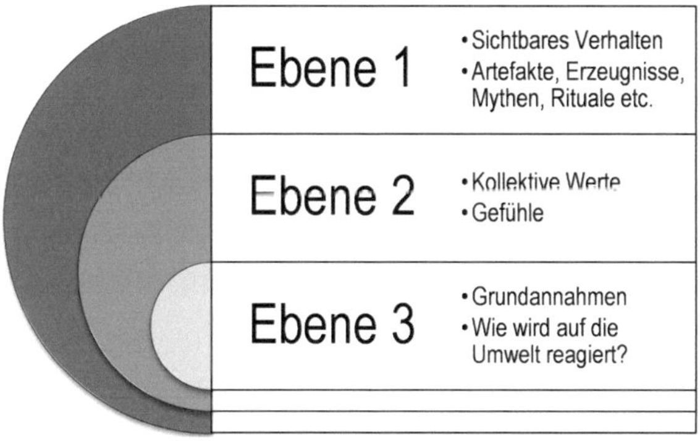

Abb. 5-1: Darstellung des Kulturebenen-Modells nach [Schein,1985]

Gibt es bspw. in einem Unternehmen eine starke Ausprägung des kollektiven Werts «Sicherheit», wird in diesem Unternehmen voraussichtlich der Einsatz von sicheren Blackberry Smartphones gut angenommen werden. Eine Einführung von generell als eher unsicher geltenden Android Smartphones könnte hingegen auf Widerstand treffen. Abb. 5-1 enthält eine Darstellung des Kulturebenen-Modells nach Edgar Schein.

Empirisch nachgewiesen wurde bspw. der Zusammenhang zwischen Werten für Offenheit und Flexibilität mit einer großen Bereitschaft für «Mobile Working» und der Ablehnung von «Mobile Working» in Unternehmen, die ein starkes Sicherheits- und Kontrollverlangen als Wertprägung aufweisen [Che & Nath, 2005; Chen & Corritore, 2008; Chen & Nath, 2008; Hoang et al., 2008]. In qualitativen Interviews wurde hierbei gezeigt, dass Executives, die ein höheres Kontrollverlangen haben, es schätzen, wenn ihre Mitarbeitenden «am Arbeitsplatz sind». In Unternehmen, in welchen eine große Wertschätzung für Ehrlichkeit und Flexibilität existiert, ist es weniger wichtig, dass die Mitarbeitenden ständig am Arbeitsplatz sind und neue Arbeitsweisen durch «Mobile Working» werden gut angenommen.

Dieser Zusammenhang zeigt, wie kollektive Werte auf die Akzeptanz von Artefakten, in dem Fall in Form von Technologie, wirken können. Die Wirkung in die andere Richtung, daher die Änderung von kollektiven Werten und Grundannahmen durch Veränderungen auf Ebene 1, ist ebenfalls gegeben, wird in diesem Buch allerdings nicht behandelt, da es sich hier um langwierige und komplexe Vorhaben handelt. Wir behandeln daher nicht, wie Mobile IT die Organisationskultur verändert, sondern fokussieren uns auf den Effekt, den Kultur auf die Akzeptanz von Mobile IT hat.

Die Ebene 2, die kollektiven Werte, sind oft noch gut fassbar und erkennbar in Organisationen, aber auch in Abteilungen. Generell ist es nicht unüblich, dass die kulturellen Ausprägungen auch je Abteilung differieren. Um Organisationskultur zu messen und zu definieren, verwenden wir das Competing Values Model (CVM) nach [Quinn & Rohrbaugh, 1981]. Das CVM baut auf zwei Achsen mit konkurrierenden Werten auf.

Auf der vertikalen Achse bilden auf der einen Seite die Werte Flexibilität und Spontaneität einen Extrempunkt und auf der anderen Seite die Werte Kontrolle und Stabilität. Die horizontale Achse wird über die Werte interne Fokussierung und Integration auf der linken Seite und externe Fokussierung und Konkurrenz auf der rechten Seite gebildet. Anhand dieser zwei Achsen können vier Kulturtypen unterschieden werden:

1. Group Culture (GC): Die GC legt Wert auf Beteiligung, Engagement und Teamwork. Die zwischenmenschlichen Beziehungen sind wichtig und ein starker Gemeinschaftsgedanke ist ausgeprägt. Die Führungskräfte sind bemüht, die Mitarbeitenden zu unterstützen.
2. Developmental Culture (DC): Die DC ist eine sehr unternehmerisch orientierte Umgebung. Der Entrepreneurship-Gedanke ist wichtig und die Organisation legt Wert auf Kreativität, Flexibilität, Innovation und das Erschließen von neuen Ressourcen.
3. Rational Culture (RC): Die RC ist eine sehr rational geprägte Umgebung, in welcher Wert auf Effizienz, Zielerreichung und Aufgabenfokussierung gelegt wird. Der Führungsstil ist leistungsorientiert und die Organisation ist nach extern besonders mit einem Konkurrenzgedanken orientiert.
4. Hierarchical Culture (HC): In einer HC wird die Zentralisierung, Ordnung, Regulation und genaue Definition von Abläufen und Hierarchien geschätzt. Der Führungsstil ist administrativ und es gibt einen Fokus auf Kontrolle und Stabilität.

Das CVM ist in Abb. 5-2 dargestellt.

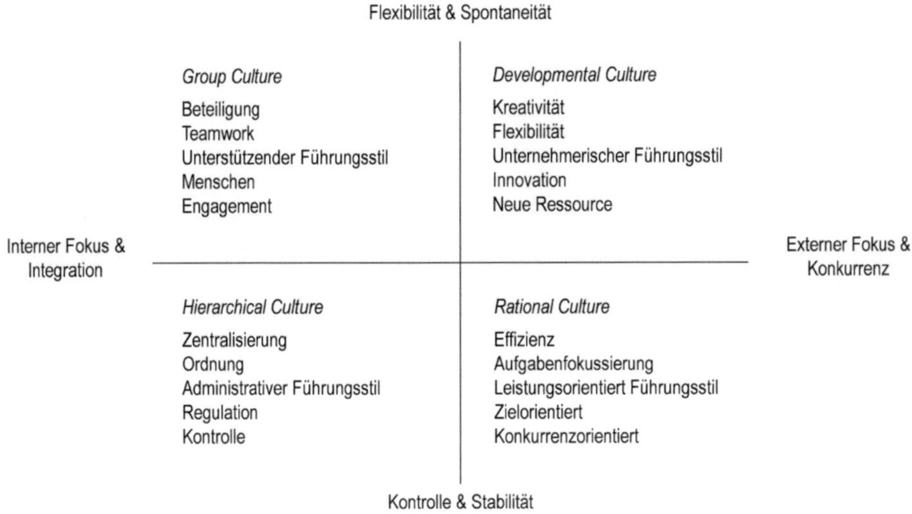

Abb. 5-2: Das Competing Values Model (CVM) in Anlehnung an [Denison & Spreitzer, 1991; Quinn & Rohrbaugh, 1981]

Die vier Kulturtypen sind in der Theorie als Idealtypen zu verstehen. In der Praxis sind allerdings Mischformen die Regel. Wird die Organisationskultur einer Abteilung oder einer ganzen Organisation gemessen, ist es nicht unüblich, das Ergebnis als Spinnennetzdiagramm darzustellen. Dabei wird die Stärke der Ausprägung des jeweiligen Kulturtyps gemessen und aufgetragen. Die Messung erfolgt meist über standardisierte Fragen, die von Mitarbeitenden auf einer Likert-Skala zu bewerten sind.

▸ EXKURS: MESSUNG DER ORGANISATIONSKULTUR NACH DEM CVM

Es gibt verschiedene standardisierte Fragen zur Messung der Organisationskultur. Im Folgenden finden Sie eine Übersetzung des Messungsinstruments, verwendet von [Iivari & Huisman, 2007]. Die folgenden Aussagen sind auf einer Skala von 1 = völlige Ablehnung bis 5 = völlige Zustimmung zu bewerten:

Das Unternehmen, in dem ich arbeite,...

- ...ist ein sehr persönlicher Ort. Es ist wie eine große Familie und die Leute scheinen sehr viel von sich zu teilen.
- ...ist ein sehr dynamischer und unternehmerischer Ort. Die Leute sind bereit, ihren Kopf zu riskieren und Risiken einzugehen.
- ...ist ein sehr formaler und strukturierter Ort. Die Leute achten auf bürokratische Verfahren, um Dinge zu erledigen.
- ...ist ein sehr produktionsorientierter Ort. Die Leute sind mit dem Erledigen der Arbeit beschäftigt und sind nicht sehr persönlich beteiligt.

Das, was unser Unternehmen zusammenhält,...

- ...ist Treue und Tradition. Engagement für das Unternehmen, in dem ich arbeite, ist wichtig.
- ...ist Engagement für Innovation und Entwicklung. Ein Schwerpunkt ist, mit Produkten und Dienstleistungen die Ersten am Markt zu sein.
- ...sind formale Regeln und Richtlinien. Die Regeln zu befolgen und eine reibungslose Institution zu erhalten, ist wichtig.
- ...ist die Betonung auf Aufgaben- und Zielerreichung. Eine Produktions- und Leistungsorientierung wird allgemein geteilt.

Das Unternehmen, in dem ich arbeite, legt Wert auf...

- ...sein Humankapital. Hohe Moral ist wichtig.
- ...Wachstum durch den Erwerb neuer Ressourcen. Das Erwerben neuer Produkte/Dienstleistungen, um neuen Herausforderungen zu begegnen, ist wichtig.

- ...Dauerhaftigkeit und Stabilität. Effiziente und reibungslose Abläufe sind wichtig.
- ...Wettbewerbsfähigkeit fördernde Maßnahmen, Ergebnisse und Leistung. Das Erreichen messbarer Ziele ist wichtig.

In der Praxis wird der Einfluss von Kultur meist erst bei Widerständen oder einem Misserfolg sichtbar. So wird bspw. die Columbia und die Challenger-Katastrophe teilweise auf die Organisationskultur der NASA zurückgeführt. Im Fall der NASA wird bemängelt, dass die Organisationskultur gefördert hat, dass sehr vereinfachte PowerPoint-Präsentation als ausreichendes Werkzeug zur Darstellung und Bewertung von sehr komplexen Problemen akzeptiert waren. Auch für Krankenhäuser gibt es vergleichbare Studien, die festhalten, dass die Organisationskultur einen wesentlichen Einfluss darauf hat, wie mit Fehlern umgegangen wird und ob aus Fehlern gelernt wird. Manche Organisationskulturen fördern eine Umgebung, in der Prozesse nicht hinterfragt werden und Fehler dadurch laufend wiederholt werden [Leidner & Kayworth, 2006].

Diese drastischen Fälle sind allerdings schwer zu identifizieren und die Probleme betreffen eher das generelle Management. Mit Bezug auf Mobile Business und die kurz- bis mittelfristige Perspektive, ist der Einfluss von Organisationskultur besonders im Ablauf von Mobile-Projekten zu beobachten. So tendieren in der Praxis manche Unternehmen dazu, Mobile-Projekte nur mit externen Partnern durchzuführen und legen Wert darauf, die Mitarbeitenden aus den Fachabteilungen in das Projekt zu integrieren. Bei anderen Unternehmen zeigt sich allerdings ein konträres Bild. Im folgenden Kapitel werden wir auf diese Ausprägungen in der Praxis eingehen.

5.2 Ausprägungen von Organisationskultur in der Umsetzung von MBS-Projekten

Neben der betriebswirtschaftlichen und technischen Planung der Entwicklung und Einführung einer MBS stellen wir in diesem Kapitel den «Faktor Mensch» in den Mittelpunkt. Im zugrunde liegenden Business-Engineering-Modell wird in dieser Schicht die Berücksichtigung kultureller und zwischenmenschlicher Aspekte bei der Lösungsgestaltung gefordert. In allen Fallstudien haben wir hier nach den Rollen einzelner Abteilungen und Bereiche während des gesamten MBS-Projekts gefragt. In Abb. 5-3 werden die Erkenntnisse zusammengefasst.

Kultur, Führung und Verhalten					
Partner im MBS-Projekt	keine (internes Projekt)	Design-/Prototyp-Partner (z.B. UI, Screens)	Integration (Anbindung Firmensysteme)	Multi-Partner-Ansatz	
Rolle der Mitarbeiter in der Entwicklung	keine	als Interview-partner	Lastenheft	via Innovations-management	User-Centric-Development
Rolle der IT im MBS-Projekt	keine	Daten-Hoster	Integration und Schnittstellen-Bereitstellung	Mit-Konzeption – Entwicklung der Lösung	IT als Full-Service Provider

Abb. 5-3: BE-Modell – Kultur, Führung und Verhalten

Interessant ist, dass sich die befragten Großunternehmen oftmals gezwungen sehen, kleine Partner (z.B. Agenturen) zu engagieren, wenn es um die App-Entwicklung geht. Bei der Integration treten hingegen altbekannte Partner, also Systemhäuser, auf. Der eigenen IT-Abteilung bleibt in dieser Konstellation dagegen oft nur die Rolle des Daten-Hoster, da ihr teils die Programmierkenntnisse abgesprochen werden. Interessant ist ebenfalls, dass MBS-Projekte in den seltensten Fällen von der IT, sondern meist durch den Fachbereich geführt werden. Mitarbeitende, die letztlich die späteren Anwender der MBS sind, werden bisher noch nicht systematisch in den Entwicklungsprozess eingebunden. Die Öffnung der Unternehmen hin zu einer mobilen Kollaborationskultur zeigt sich in diversen Beispielen von BYOD-Initiativen, die von den Unternehmen derzeit gestartet werden.

5.2.1 Partner und Allianzen im Projekt

In den untersuchten MBS-Projekten kommen vielfältige Konstellationen der Zusammenarbeit zwischen externen Partnern, der eigenen IT und den eigenen Mitarbeitenden vor. Erneut fällt ein abschließendes Clustern schwer, denn unternehmens- oder projektspezifische Faktoren haben hierauf ebenfalls einen großen Einfluss. Trotzdem konnten wir vier «typische» Ansätze bezüglich externer Partner erkennen, die im Folgenden beschrieben werden.

Ohne Partner, intern

Ganz ohne externe Partner kommen nur wenige MBS-Projekte aus. Falls jedoch ausschließlich intern konzipiert, entwickelt und gewartet wird, basiert die MBS tendenziell auf dem Windows Mobile Betriebssystem oder einer mobilen Webseite. Dabei spricht generell einiges für eine interne Entwicklung. Die gegebenen Begründungen innerhalb der Fallstudien adressierten in der Regel die folgenden Punkte für interne Entwicklung:

- Bekannte Programmierumgebung (MBS ist Alltag / klassisches IT-Projekt).
- Stärke der eigenen IT («Das machen wir seit Jahren selbst.»).
- Sicherheitsaspekte bei späterer MBS-Integration in die IT-Landschaft.
- Kosten (externe Partner zu managen, ist teuer).

Mobile-Projekte stellten für diese Unternehmen keine enorme Herausforderung dar. Basierte die Lösung auf dem Windows Mobile Betriebssystem, wurde genannt, dass die eigenen Entwickler zum einen ein höheres Prozessverständnis gegenüber Externen mitbringen und zum anderen «externe Entwickler auch keinen Kompetenz-Vorteil in Java bzw. dem .NET Framework mitbringen». Zudem wurde begründet, dass falls die MBS auf die Backend-Systeme zugreift, bereits in der frühen Phase der Entwicklung mit realen Bedingungen gearbeitet werden kann, wohingegen man externen Partnern zunächst eine Entwicklungsumgebung bereitstellen muss. Anschließend fallen für die endgültige Integration weitere Kosten an und nach Inbetriebnahme ist es schwieriger, den Quellcode nachzuvollziehen, «Bugs zu fixen» und neue Releases zu erstellen.

Design- und Beratungspartner (Sicherheitsunkritisches)

Die Nachfrage nach MBS, welche auf einem Tablet, vornehmlich dem iPad, basieren, hat dazu geführt, dass Großunternehmen in diesen Projekten mehr als sonst in der Anwendungsentwicklung üblich mit externen und kleineren Partnern zusammengearbeitet haben. Die Rolle dieser neuen Partner variierte zudem stark. Die folgenden beispielhaften Angaben wurden in den Interviews aufgenommen.

- «Wir hatten für die Konzeption und den Prototypen eine kleine Softwareberatung mit dabei.»
- «Wir haben für das Thema Wrapper jemanden hinzugezogen.»
- «Design- und Usability-Aspekte haben wir extern an eine Agentur vergeben, das ist nicht unsere Kernkompetenz.»
- «Die Programmierung musste außer Haus, für das iOS fehlen uns die Kompetenzen und die Entwicklungsumgebung.»

Diese Statements zeigen, dass die Unternehmen nicht durch die neue Form der Endgeräte, also Smartphones oder Media Tablets, an ihre Grenzen stießen, sondern speziell in der Entwicklung für das Betriebssystem iOS bzw. den hierbei stark veränderten Anforderungen bezüglich Usability und Design. Auf die Frage «Waren an der Entwicklung der MBS externe Partner (Service Provider jeglicher Art) beteiligt?» gab Sebastian Pitzler der ITErgo eine für diese Gruppe beispielhafte Einschätzung der Thematik ab:

STATEMENT AUS DER PRAXIS

«Für die Konzeption der Screens beziehungsweise auch die Realisierung unserer Vorstellungen haben wir kleinere Partner mit hinzugezogen. Bei der Entwicklung für Apple-Endgeräte wird man neben der ungewohnten Programmiersprache auch vor das Problem gestellt, dass hierfür bislang keine Entwicklungsumgebung im Unternehmen existiert. Für ein solches Projekt muss man also ebenfalls berücksichtigen, dass bestenfalls ein weiteres WLAN aufgesetzt werden muss. Nur dann kann man während der Entwicklungs- und Testphase einzelne Versionen schnell und unbürokratisch testen. Hierbei treten allerdings Fragen nach der Sicherheit dieses Set-up auf, die zunächst beantwortet werden müssen. Wir haben also mit diesen «kleineren» Partnern im Bereich Usability und Design gut zusammengearbeitet, aber sobald es an die Backend-Systeme, also die klassische IT, geht, wurden die Aufgaben intern oder in Zusammenarbeit mit Systemhäusern gelöst.»

Sebastian Pitzler, Referent IT-Strategie, ITErgo

Auf die Anschlussfrage «Beschreiben Sie die Art der Zusammenarbeit mit dem Service Provider» wurde in diesen Fällen durchweg mit positiven Erfahrungen geantwortet. Dem Vorwurf eines fehlenden Prozess- und Konzernverständnisses der kleineren Partner wurde zumeist entgegnet, dass dies bewusst in Kauf genommen wurde. Der mehrfach betonte Ansatz der Unternehmen war, die kleineren Partner in der frühen Phase des

Projekts mit den abzubildenden Prozessen vertraut zu machen bzw. ein generelles Prozessverständnis über Gespräche mit den späteren Anwendern zu vermitteln. Sowohl die beobachtende Position als auch die mitarbeitende Position wurden hier von den kleinen Partnern eingenommen. Die genannten Vorteile in der Zusammenarbeit mit kleineren Partnern werden abschließend stichpunktartig zusammengefasst:

- Einfache Projektstrukturen.
- Schnelle und unbürokratische Kollaboration, oft nur ein direkter Ansprechpartner.
- Hochwertige und ansprechende Gestaltung des Grafical User Interface (GUI).
- Neue Betrachtungsweisen und Erneuerungsimpulse für Altbewährtes.
- Relativ kostengünstige Partner.

Integrationspartner (Sicherheitspartner)

Die klassischen Vertreter der Softwareindustrie (von den Interviewpartnern meist Systemhäuser genannt) hatten sich zum Zeitpunkt der Erhebung 2011 als Entwickler von Apps bisher nicht stark positioniert. Am stärksten hatte sich damals im 4. Quartal 2011 hier SAP mit einer «App-Initiative» rund um die Sybase Akquise hervorgetan (vgl. SAP, 2011b). Im Rahmen dieser Studie wurde beobachtet, dass die Systemhäuser nicht für Aufgaben wie Konzeption und Entwicklung, jedoch für zwei weitere zentrale Aufgaben hinzugezogen werden:

- Systemintegration.
- Multi-Geräte-Verwaltung.

Unter dem Punkt Systemintegration verstanden die Befragten u.a. die Anbindung der MBS an die Firmensysteme (z.B. SAP FI oder SAP MM Integration) bzw. dazugehörige Schnittstellengenerierung. Die Zusammenarbeit ist hier nicht weiter erwähnenswert, sie wurde als «typisches

IT-Projekt» beschrieben. Beachtenswert sind die Unternehmen, die auf die Nachfrage, ob und wenn ja wie mit Systemhäusern zusammengearbeitet wurde, klar verneinend argumentierten. Die Begründung, warum dies nicht nötig sei, basierte in diesen Fällen stets auf einer vergangenen SOA-Initiative. Zwei Statements vertiefen diese Begründung:

▶ STATEMENTS AUS DER PRAXIS

«Für den neuen Kanal ‚Mobile Banking + Brokerage' konnte die bestehende Business-Logik ohne Änderung angebunden werden. Damit erreichte das Projekt eine Laufzeit von weniger als 12 Monaten und Budgetkosten von weit unter einer Million Euro. Dies konnte nur durch vorhandene Multikanal-JEE Architektur erzielt werden.»
Sven Ellner, Ressortleiter IT, ING-DiBa AG

«Der Einstieg in Mobile Business war auch ein Architekturthema. Wir haben damals mit der ersten App extra für alle mobilen Systeme eine eigene Middleware aufgebaut. Dort wurden Schnittstellen zu den wichtigsten Prozessen geschaffen, also Services definiert. Pro App, also egal ob iOS, Android, Blackberry oder J2ME, werden dann bestimmte Services eingebunden (z.B. die Abfrage nach dem Flugstatus, Flugplan oder die Check-in-Prozesse).»
Stefanie Heucke, IT Management Mobile Services, Lufthansa

Der zweite Grund, warum Systemhäuser zu MBS-Projekten stoßen, ist dass Unternehmen im Zuge des MBS-Projekts eine MDM-Lösung als Grundlage zur Verwaltung verschiedener Endgeräte einkaufen (vgl. Technologische Ebene). Hier werden Systemhäuser mit Erfahrung in der Verwaltung von mobilen Endgeräten hinzugezogen. Es geht hierbei um die Integration der Software an bestehende Systeme (z.B. die Verknüpfung von Personaldaten mit den UDDIs der mobilen Endgeräte, die ein Mitarbeitender erhält, sodass im Nachhinein rollenspezifisch Apps auf die Endgeräte gespielt werden können).

Multi-Partner-Ansatz

Es soll nicht verschwiegen werden, dass in komplexeren MBS-Projekten ein Multi-Partner-Ansatz verfolgt wurde. Neben Agenturen bzw. den beschriebenen Beratungs- und Design-Partnern sowie den Integrationspartnern werden zudem vereinzelt Forschungsinstitute oder Marktforschungsinstitute mit einer Marktrecherche oder der Erstellung von Dokumenten zur Unterstützung strategischer Entscheidungshilfen beauftragt.

5.2.2 Rolle der Mitarbeitenden im MBS-Projekt

Die Rolle der Mitarbeitenden im MBS-Projekt stellt eine spannende Frage dar. Schlagwörter, wie User Centric Design, Lead-User [von Hippel, 1986] oder Crowdsourcing [Howe, 2008] werden auch in Unternehmen aufgrund zahlreicher Social-Media- oder Web-2.0-Kampagnen immer häufiger genannt. Wir haben nach diesen Ansätzen im Rahmen von MBS-Projekten gefragt.

Die Eingangsfragen lauteten «Beschreiben Sie die Rolle des Anwenders während der Entwicklung der MBS. Wurde diesen eine fertige Lösung bereitgestellt oder wurden diese aktiv eingebunden?». Im weiteren Gesprächsverlauf wurde unter anderem gefragt: «Haben Sie in der MBS Möglichkeiten für Anwender-Feedback eingebaut, bzw. wie gehen Sie mit Änderungs- und Verbesserungsvorschlägen um, die durch Anwender an Sie herangetragen werden?». Die nachfolgend präsentierten Ergebnisse zeigen, dass Unternehmen unter diesen Gesichtspunkten nicht sehr stark aufgestellt sind. User Centric Design oder Crowdsourcing fanden nahezu keine Berücksichtigung. Hier wird noch Potenzial verschenkt, denn unsere Online-Umfrage zeigt, dass die Mitarbeitenden durchaus eine sehr genaue Vorstellung von einer guten mobilen Arbeitsumgebung haben.

Mitarbeitende als Prozessverständige

Die häufigste Form der Mitarbeitendeneinbindung in ein MBS-Projekt ist deren Funktion als Ansprechpartner, i.d.R. als Prozessverständige. Die (externen) Entwickler betrachten und analysieren meist den Prozess, welcher durch die MBS unterstützt oder abgebildet werden soll. Die Mitarbeitenden fungieren hierbei als Ansprechpartner, später teils als Tester der Prototypen. Die Aufgaben liegen vor allem im Bereich Feedback. Wie stark sich die Mitarbeitenden einbringen, hängt in diesem Fall jedoch selten von ihnen selbst ab. Die Ergebnisse dieser Herangehensweise sind zum einen durch die Mitarbeitenden mitbestimmte Lastenhefte oder GUIs. Hier werden den Mitarbeitenden in der frühen Phase der Entwicklung oder in der Konzeption bereits GUIs und Mock-ups der MBS zur Bewertung vorgelegt.

Lead-User-Integration

Lead-User sind Anwender, deren Bedürfnisse den Anforderungen des Massenmarktes vorauseilen und die sich einen besonders hohen Nutzen von einer Bedürfnisbefriedigung/Problemlösung versprechen. Konkret bedeutet dies, dass es in großen Unternehmen mit hoher Wahrscheinlichkeit Mitarbeitende gibt, welche sich nicht beruflich mit der Entwicklung von MBS befassen, aber einen hohen Kenntnisstand zu mobilem Arbeiten, mobilen Prozessen, mobiler Technologie etc. besitzen und diesen z.B. im Privaten bereits erfolgreich umsetzen. Im Unternehmenskontext wären diese Mitarbeitenden sehr wertvoll, da sie hohe intrinsische Motivation für die Thematik mitbringen. Die systematische Einbindung bzw. Identifikation von Lead-Usern für bestimmte Aufgaben geschieht bei den befragten Unternehmen bislang nicht. Power User sind gern gesehen, sie werden jedoch meist nicht zentral verwaltet oder gespeichert. Einen Ansatz der Lead-User-Identifizierung zeigt das Beispiel Fraport und Lufthansa:

STATEMENT AUS DER PRAXIS

«Vor allem manche unserer jungen Mitarbeitenden haben sich zu Power Usern entwickelt. Die fragen dann natürlich schon: «Wieso machen wir das nicht so?» oder «An der Stelle könnte man doch ...». Wir versuchen, diese Mitarbeitenden dann speziell einzusetzen. Wir haben jährlich Refresher-Schulungen, wo das Arbeiten mit der MBS aufgefrischt wird. Dort erzählen dann diese Mitarbeitenden aus ihrer Sicht, wie sie bestimmte Prozesse abarbeiten. Dazu gibt es sogenannte «Train-the-Trainer-Schulungen», also interne Weiterbildungen, die wir diesen Mitarbeitenden speziell anbieten. Diese Schulungen sollen ein Anreiz sein, sie werden auch nicht am Flughafen, sondern etwas außerhalb, z.B. in einem schönen Hotel abgehalten. Heute sind wir so weit, dass vielen Mitarbeitenden die Power User bereits bekannt sind, d.h. man geht direkt an sie heran und umgeht den offiziellen Support-Weg.»

Astrit Hohlstein, Leitung FRACARE

Crowdsourcing

Crowdsourcing bezeichnet den Ansatz, eine unternehmensinterne Aufgabe an die Arbeitskraft (teilweise auch die Intelligenz) einer Masse von Freizeitarbeitern im Internet auszulagern. In einer einfachen Variante versuchen Unternehmen, dieses Konzept auch intern anzuwenden. Die agierenden Stellen im Unternehmen sind hier das Innovationsmanagement bzw. das Betriebliche Vorschlagswesen (BVW). Solche Crowdsourcing-Ansätze müssen nicht in der extremsten Form betrieben werden, das wäre die eigenständige Entwicklung einer MBS durch eine (Mitarbeitenden-) Crowd, sondern bieten in diversen Aspekten von MBS-Projekten Möglichkeiten:

- Identifikation des Bedürfnisses für eine MBS aus dem BVW.
- Einbinden der Endkunden in den Entwicklungsprozess.
- Abrufen einer Ideensammlung (z.B. für Features) in der Kick-off-Phase des MBS-Projekts.
- Abrufen der Anforderungen an eine MBS in der Konzeptionsphase.
- Identifikation von Experten, Power Usern und Testern.
- Einholen von Feedback und Verbesserungsideen bei den Anwendern der MBS.

Erneut bietet sich an dieser Stelle der Vergleich von MBS und Apps an. Es zeigt sich, dass Unternehmen bezüglich ihrer Endkunden wissbegieriger sind. Provokativ könnte man sagen: Im Rahmen vieler MBS-Projekte interessiert es nicht wirklich, was die eigenen Mitarbeitenden denken, wenn es um Kunden geht, aber schon. Ein schönes Beispiel für In-App-Kundenfeedback kann daher nur aus dem Endkundenbereich gegeben werden.

Die bereits beschriebenen vier Apps, welche die Deutsche Lufthansa ihren Endkunden für iOS, Android, Blackberry und als J2ME anbietet, haben alle das Feature «Ihr Feedback». Es ist als Freitextfeld implementiert, das Kunden auffordert: «Ihre Anmerkungen bitte hier eintragen.». Diese Feedback-Kanäle speisen alle eine zentrale E-Mail-Adresse, die von Mitarbeitenden des IT-Marketings eingesehen werden kann. Durch die mitgesendeten Metadaten (wie z.B.: verschickt am 11.11.2011, 11:11 Uhr mit iOS 4.1, App Version 3.2 etc.) kann analysiert werden, auf welchen App-Versionen welche Plattform derzeit Probleme bereitet, also schnell einige Programmfehler behoben werden müssen, aber auch welche Wünsche die Kunden generell an die App haben.

5.2.3 Rolle der IT in der Entwicklung

Als letzten Aspekt der Ebene «Kultur, Führung und Verhalten» wurde in allen Fallstudien die Rolle der unternehmenseigenen IT angesprochen. Hier wurde gefragt: «Gibt es in Ihrem Unternehmen eine interne Softwareentwicklung?» und «Entwickelt diese auch mobile Lösungen für das Unternehmen?». Die Antworten zeigten ein klares Ja auf die erste Frage, denn es wurde ja vorwiegend mit größeren Unternehmen gesprochen, erstaunlicherweise aber eine Tendenz zum Nein bei der zweiten Frage. Hierfür bezeichnende Antworten waren: «MBS-Entwicklung ist keine Aufgabe der IT.» oder «Mobile Entwicklungsprojekte sind keine echten IT-Projekte.». Im Folgenden zeigen wir, welche Rollen der eigenen IT zugesprochen wurden.

Daten-Hoster

Wie beschrieben, werden in der Mehrheit der MBS-Projekte externe Partner für die Konzeption, die Usability oder die Systemintegration hinzugezogen. In diesen Konstellationen bleibt der eigenen IT oft nur die Rolle des Daten-Hoster. Ihr wird nicht zugetraut, die MBS eigenständig zu entwickeln. Dies zeigt sich in einem Fallstudienstatement: «Unsere eigene IT hatte sich auch auf die Projektausschreibung beworben, allerdings haben wir sie abgelehnt, da sie damals noch keine Erfahrungen und Referenzen mitgebracht haben.» Die Aufgabe der IT besteht dann darin, die geeigneten Web-Datenbanken bereitzustellen, auf denen die für die MBS relevanten Daten liegen. Hierzu müssen den Softwareentwicklern meist nur Datenbanknamen bzw. die Struktur bekannt gegeben und die Kapazität garantiert werden. Dies ist oft in den beschriebenen Projekten der Fall, in denen die MBS eine Kanalerweiterung darstellt, also neben der Desktop- oder Online-Variante einer Unternehmensapplikation nun die Betrachtung über einen weiteren Client (das mobile Endgerät) möglich ist.

Integration und Schnittstellen

Eine weitere, mehrfach genannte Variante ist, die MBS extern konzipieren und entwickeln zu lassen, jedoch nach Abnahme das Projekt an die IT zu übergeben. Die IT übernimmt in diesem Fall die Aufgaben, welche im obigen Kapitel der «Integrationspartner» beschrieben wurden. Die Begründung stützt sich hierbei oft auf drei Argumente:

▶ STATEMENTS AUS DER PRAXIS

«Wenn es um die eigenen Systeme geht, machen wir das lieber selbst.»

«Mobile-Business-Projekte sind in der Entwicklung nicht vergleichbar zu klassischen IT-Projekten. Das ist für uns noch Neuland. Aber die Anbindung ist Standard, das können wir also selbst.»

«Release-Wechsel sind für MBS relativ selten. Wir bauen auch das UI nicht laufend um. Wichtig ist also, dass das fürs Business Essenzielle, also die Bereitstellung der richtigen Daten, bei uns liegt.»

Ein für diese Gruppe typischer Vertreter ist das Beispiel der Messe Hannover. Oliver Bouda, Leiter Informatik bei Deutsche Messe AG, beschreibt die Rolle der eigenen IT im MBS-Projekt wie folgt:

▶ STATEMENTS AUS DER PRAXIS

«Die eigene IT entwickelt bisher keine Apps. Natürlich ist die IT aber bei der Integration der mobilen Anwendungen federführend. Sie stellt den eigentlichen Betrieb sicher. Das heißt, die IT stellt unseren externen Realisierungspartnern die Schnittstellen zu Backends bzw. die einzubindenden Webservices bereit.»
Oliver Bouda, Leiter Informatik, Deutsche Messe AG

«Bei der Umsetzung unserer Anwendungen legen wir größten Wert darauf, wesentliche Entwicklungskompetenzen intern abbilden zu können. Damit ist sichergestellt, dass nach Projektende auch ein reibungsloser Betrieb sowie notwendige Weiterentwicklungen möglich sind. Durch umfangreiche Weiterbildungsmaßnahmen für unsere Mitarbeitenden stellen wir sicher, dass notwendige Fertigkeiten immer auf dem neuesten Stand bleiben.»
Sven Ellner, Ressortleiter IT, ING-DiBa AG

Konzeption und Umsetzung

Wie auf Technologie-Ebene bereits beschrieben, traut man der eigenen IT vor allem die Entwicklung für das iOS noch nicht zu. Hier wird die Konzeption daher öfter extern vergeben. Dies ändert sich, falls die MBS technisch als Web-Apps umgesetzt werden. Hier ist die Entwicklungsumgebung kein Neuland und die MBS-Entwicklung wird als «typisches IT-Projekt» beschrieben. Für die eigenen IT-Leute ist an dieser Stelle keine Ausbildung, sondern lediglich eine Weiterbildung (meist zu HTML5 und CSS3) erforderlich.

Full Service Provider

Selten wird die IT als Full Service Provider (also über alle Phasen der Softwareentwicklung sowie Integration und anschließendes Hosting) eingesetzt. Diese Ausprägung ist im Prinzip das Spiegelbild zu der bereits beschriebenen Situation eines MBS-Projekts ganz ohne externen Partner. Wir gehen daher hier nicht mehr auf einzelne Aspekte ein, sondern schließen mit einem zu dieser Ausprägung passenden Statement:

▶ STATEMENT AUS DER PRAXIS

«Wir können diese Projekte komplett intern stemmen. Mehrere Mitarbeitende haben jahrelange Erfahrung mit HTML-Entwicklung, z.B. für das Online Banking. Wir haben trotzdem intern für uns entschieden, dass Apple und iOS für die nächsten Jahre nicht vom Markt verdrängt werden können. Zumindest für das Endkundengeschäft müssen wir hier also eigene Kompetenzen entwickeln. Daher haben wir Entwicklern bereits Apple SDK, aber auch HTML5 Weiterbildungen gezahlt. Wir sind nun gut aufgestellt und können MBS-Projekte intern stemmen.»

Typische Aussage in Experteninterviews

5.3 Fallbeispiel: Mobile Devices bei adidas

Mobile-Initiativen, wie beispielsweise die Einführung einer BYOD-Option, stehen meist in Zusammenhang mit kulturellen Aspekten. Gerade eine BYOD-Strategie ist stark mit Werten verbunden, die oft den konservativen Werten vieler IT-Abteilungen widersprechen. Im folgenden Fallbeispiel stellt Jan Brecht, CIO der adidas Group, die erfolgreiche Umsetzung einer BYOD-Strategie bei adidas vor. Im Rahmen dieser Fallstudie werden verschiedene kulturelle Aspekte angesprochen und die Notwendigkeit hin zu einer offeneren IT, einem Digital Ecosystem, aufgezeigt. Das Interview wurde von Frau Prof. Dr. Andrea Back aufgezeichnet.

Unternehmen und Kontext
Link: https://vimeo.com/69161149
Passwort: mobile

Ausgangslage und Herausforderung
Link: https://vimeo.com/ 69161150
Passwort: mobile

Entscheidung und Lösung
Link: https://vimeo.com/ 69161151
Passwort: mobile

Lessons Learned und Ausblick
Link: https://vimeo.com/69161152
Passwort: mobile

5.4 Reflexionsfragen

- Welche Werte machen Ihr Unternehmen aus?
- Welche Werte machen die IT-Abteilung in Ihrem Unternehmen aus und unterscheiden sich diese wesentlich von den Werten der Fachabteilungen?
- Mit welchen Werten verbinden Sie die verschiedenen mobilen Betriebssysteme?
- Gibt es (mobile) Prozesse, Abläufe oder Aufgaben, die mit Werten konkurrieren könnten (bspw. Nutzungsauswertungen, Überwachung etc.)?

5.5 Literatur

Bilgram, V., Brem, A. & Voigt, K.-I. (2008). User-Centric Innovations in New Product Development – Systematic Identification of Lead-Users Harnessing Interactive and Collaborative Online-Tools. International Journal of Innovation Management, 12(03), (pp. 419–458).

Burch, C. (2012). Consolidating the IS Success, National Culture, and Global IT Story: A Study of ERP and Portal Implementation. Saarbrücken: AV Akademikerverlag.

Che, R. & Nath, L. (2005). Nomadic Culture: Cultural Support For Working Anytime, Anywhere. Information Systems Management, 22(4): (pp. 56–64).

Chen, L. & Corritore, C. L. (2008). A Theoretical Model of Nomadic Culture: Assumptions, Values, Artifacts, and the Impact on Employee Job Satisfaction. Communications of AIS, 2008(22), (pp. 235–260).

Chen, L. & Nath, R. (2008). A socio-technical perspective of mobile work. Information Knowledge Systems Management, 7(1/2), (pp. 41–60).

Denison, D. R. & Spreitzer, G. M. (1991). Organizational culture and organizational development: A competing values approach. Research in Organizational Change and Development, 5, (pp. 1–21).

Hoang, A. T., Nickerson, R. C., Beckman, P., & Eng, J. (2008). Telecommuting and corporate culture: Implications for the mobile enterprise. Information Knowledge Systems Management, 7(1/2), (pp. 77–97).

Howe, J. (2008). Crowdsourcing: Why the Power of the Crowd is Driving the Future of Business. New York: Brown.

Iivari, J. & Huisman, M. (2007). The Relationship Between Organizational Culture And The Deployment Of Systems Development Methodologies. MIS Quarterly, 31(1), (pp. 35–58).

Leidner, D. E. & Kayworth, T. (2006). Review: A Review Of Culture In Information Systems Research: Toward A Theory Of Information Technology Culture Conflict. MIS Quarterly, 30(2), (pp. 357–399).

Quinn, R. E. & Rohrbaugh, J. (1981). A Competing Values Approach to Organizational Effectiveness. Public Productivity Review, 5(2), (pp. 122–140).

SAP (2011b). SAP – Enterprise Mobility: Industry Apps. Retrieved 2013, from www54.sap.com/solutions/tech/mobile/software/solutions/applications/industry-applications-overview.html.

Schein, E. H. (1985). Organizational Culture and Leadership. A Dynamic View. San Francisco: Jossey-Bass, (p. 9).

von Hippel, E. (1986). Lead-Users: A Source of Novel Product Concepts. Management Science, 32(7), (pp. 791–805).

6 Transformation

In diesem Kapitel gehen wir auf grundlegende Prinzipien und Erfolgsfaktoren im Transformationsmanagement ein. Zusätzlich stellen wir anhand der Transformation Map ein Managementwerkzeug für diesen Zweck vor und beschreiben die häufigsten Ausprägungen in der Praxis.

Wissensziele

- Sie kennen die zentralen Aspekte des Transformationsmanagements.
- Sie kennen wichtige Prinzipien für ein erfolgreiches Transformationsmanagement.
- Sie kennen häufige Fehler bei Unternehmenstransformationen.
- Sie wissen, was eine Transformation Map ist und wie Sie eine solche einsetzen können.

6.1 Einführung Transformationsmanagement

Transformation und Change Management sind sehr reichhaltige Teilgebiete der Managementlehre und umfassen eine Vielzahl an Konzepten, Methoden und Prinzipien. Wir werden hier einen Auszug zu etablierten und unserer Meinung nach sinnvollen Werkzeugen geben. Wir wollen damit keiner Methode einen Vorzug geben, aber dennoch eine praxisorientierte Einführung in die Thematik bereitstellen. Für eine ausführliche

Auseinandersetzung mit diesem Thema empfehlen wir weiterführende Literatur [Baumöl & Winter, 2008; Kotter, 1996; Krüger, 2009].

Grundsätzlich geht es bei der Transformation um die Veränderung ausgehend von einem Ist-Zustand hin zu einem Soll-Zustand. Diese Veränderungen können unterschiedlichen Zielen folgen; sie lassen sich grob in folgende Bereiche aufteilen [Krüger, 2009]:

1. Down Scaling: Veränderung durch Schrumpfen bzw. Verkleinern des Unternehmens.
2. Konzentration: Fokussierung auf das Kerngeschäft.
3. Ergänzung: Erweiterung des Kerngeschäfts um neue Zweige.
4. Transfer: Erweiterung von Kompetenzen durch bspw. die Akquise eines Unternehmens.
5. Entwicklung: Wachstum durch Entwicklung von Kompetenzen.

Wir beschäftigen uns im Bereich von Mobile Business mit der Entwicklung von neuer Kompetenz bzw. dem Einsatz von mobiler IT im gesamten Unternehmen. In diesem Bereich folgen wir dem Grundsatz, dass Veränderung immer in bzw. durch Projekte stattfindet. Eine Transformation ist daher die koordinierte und zielgerichtete Durchführung verschiedener Projekte, die dazu beitragen, einen Soll-Zustand zu erreichen. Um diesen Soll-Zustand zu erreichen, muss eine Vision formuliert sein. Ohne die Verwendung einer Vision ist auch die Transformation unkoordiniert bzw. nicht zielgerichtet. Dieser und weitere Punkte wurden von [Kotter, 1996] in einer Liste von acht typischen Fehlern im Change Management zusammengefasst. Die Liste umfasst die folgenden Punkte:

1. Keine ausreichende Vermittlung und Kommunikation der Dinglichkeit der Veränderung.
2. Das Fehlen einer starken Koalition zur Durchführung der Veränderung.
3. Das Fehlen einer Vision für die Veränderung.

4. Nicht ausreichende Vermittlung der Vision.
5. Fehlendes Umgehen bzw. Lösen von Hürden zur Erreichung der Vision.
6. Fokus auf kurzfristige Ergebnisse und das Fehlen einer systematischen und längerfristigen Perspektive.
7. Zu frühes Feiern von Erfolgen.
8. Fehlende Verankerung der Veränderung in der Organisationskultur.

Neben diesen acht typischen Fehlern hat Kotter ebenfalls eine Liste von acht Prinzipien für ein erfolgreiches Change Management aus seiner Forschungsarbeit abgeleitet. Die acht Prinzipien orientieren sich an den typischen Fehlern und werden im Buch «Leading Change» ausführlich vorgestellt. Die Prinzipien beinhalten die folgenden Aspekte [Bruch, 2003; Kotter, 1996, 2007]:

1. Bewusstsein für die Dringlichkeit des Wandels schaffen: In diesem Bereich empfiehlt es sich, eine Markt- und Wettbewerbsanalyse durchzuführen. Aufbauend darauf können aktuelle und potenzielle Krisenbereiche und mögliche Chancen diskutiert werden.
2. Entscheidungsträger und Lead-User in eine gemeinsame Gruppe einbinden: Die Befürworter des Wandels können in einer Gruppe organisiert sein und so die Veränderung vorantreiben. Dabei ist es wesentlich, dass sich die Gruppe durchaus als ein Team mit gemeinsamem Ziel versteht.
3. Definieren einer Vision: Die Vision ist ein zentrales Element, um die Richtung für die Veränderung vorzugeben. Um die Vision zu erreichen, soll eine Strategie entwickelt werden (vgl. Kapitel 2).
4. Kommunikation der Vision: Kotter empfiehlt, möglichst jeden Kommunikationsweg zu nutzen, um die Vision und die darauf abgestimmte Strategie zu kommunizieren. Es ist wichtig, dass Vision und Strategie klar an alle Mitarbeitenden kommuniziert werden. Unterstützend

ist das richtungsweisende Verhalten von Mitarbeitenden und Führungskräften (Vorbildfunktion).

5. Handlungsbefugnis zur Erreichung der Vision erweitern: Es ist erforderlich, Hindernisse gegenüber der Veränderung zu beseitigen und Strukturen und System so zu ändern, dass es realisierbar ist, die Vision zu erreichen. Eine breite Einbindung von Beteiligten aus allen Unternehmensbereichen ist dazu notwendig. Ebenfalls als positiv wird das Ermuntern zur Risikobereitschaft bzw. zum unkonventionellen Denken im Sinn der Visionserreichung genannt.
6. Kurzfristige Erfolge geplant vorantreiben und realisieren: Um die Motivation zu steigern, ist es geboten, bereits kurzfristige Erfolge zu planen und voranzutreiben. Sichtbare Ergebnisse sind ein wesentlicher Baustein und die Benennung und Belohnung der verantwortlichen Mitarbeitenden kann positive Effekte erzeugen.
7. Die erreichten Erfolge weiter ausbauen: Die durch Erfolge gewachsene Glaubwürdigkeit und das gestiegene Selbstvertrauen können genutzt werden, um Systeme, Strukturen und Verhaltensweisen zu verändern. Hier gilt es, das Momentum zu nutzen und beizubehalten. Auf mittlere Frist ist es ebenfalls wichtig, Kompetenzen zu fördern, die zu einer erfolgreichen Visionserreichung beitragen können. Dazu können Ausbildung oder Neuanstellung beitragen. Mittelfristig ist es ebenfalls empfehlenswert, den Veränderungs- bzw. bereits den Erneuerungsprozess durch entsprechende Projekte, Themen oder Change Agents voranzutreiben.
8. Die neuen Lösungswege verankern: Auf längere Frist ist es wichtig, die Vorteile der neuen Verhaltensweise bzw. Lösungswege klar darzustellen. Der Beitrag zum Unternehmenserfolg soll klar erkennbar sein und kommuniziert werden. Vor allem in der Führung und der Führungsnachfolge müssen die neuen Muster beibehalten und gesichert werden.

Sind diese Prinzipien noch recht generisch und auf fast jede Art von Organisation anwendbar, kann mit entsprechenden Management-Werkzeugen eine spezifischere Umsetzung definiert werden. Im Bereich Change Management, Wandel, Transformation etc. haben sich verschiedenste Werkzeuge etabliert. Für einen ausführlichen Überblick zu Werkzeugen, die eine Unternehmenstransformation unterstützen können, verweisen wir auf [Johnson et al., 2006] und [Baumöl & Winter, 2008]. Eine relativ umfangreiche Übersicht zu verschiedenen Werkzeugen für die Transformation gibt die Webseite www.avasbutler.com/category/transformation-tools.

EXKURS: TRANSFORMATION MAP

Ein geeignetes Management-Werkzeug, um ein Transformationsvorhaben zu unterstützen, ist die Transformation Map (TM). TMs sind sehr praxisbezogen und werden von vielen der bekannten Unternehmensberatungen eingesetzt. Der Vorteil einer TM besteht darin, dass ein sehr umfangreiches Transformationsvorhaben übersichtlich auf einer «Karte» visualisiert werden kann. Viele der Prinzipien von Kotter sind durch die Verwendung einer TM auch bereits berücksichtigt. So beinhaltet eine TM immer die Vision (rechts oben) und den Ist-Zustand unterteilt nach verschiedenen Dimensionen (linke und untere Kante). Dieser Grundaufbau ist in Abb. 6-1 visualisiert.

Bei TMs ist der Weg zur Vision nicht nur nach verschiedenen Dimensionen gegliedert, sondern auch nach Etappen. So werden zwischen dem Ist-Zustand und der Vision mehrere Etappen definiert. Die Gliederung der Etappen kann dabei unterschiedlich gestaffelt werden. Üblich ist bspw. eine Planung nach Quartalen wie in Abb. 6-2 dargestellt.

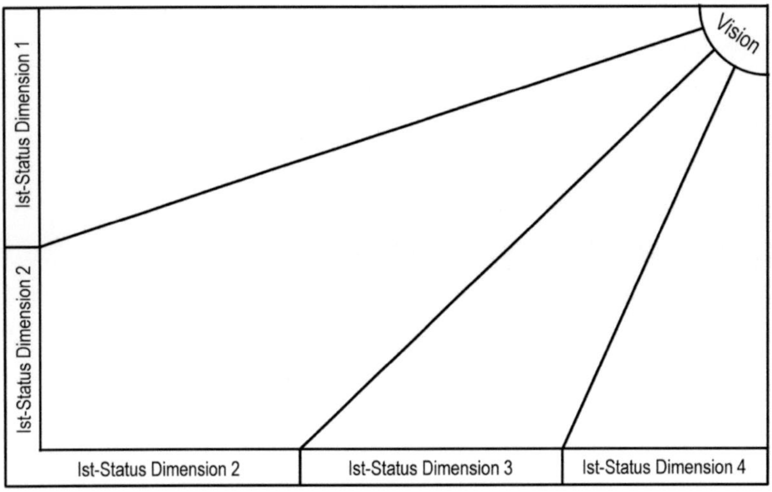

Abb. 6-1: Grundelemente einer Transformation

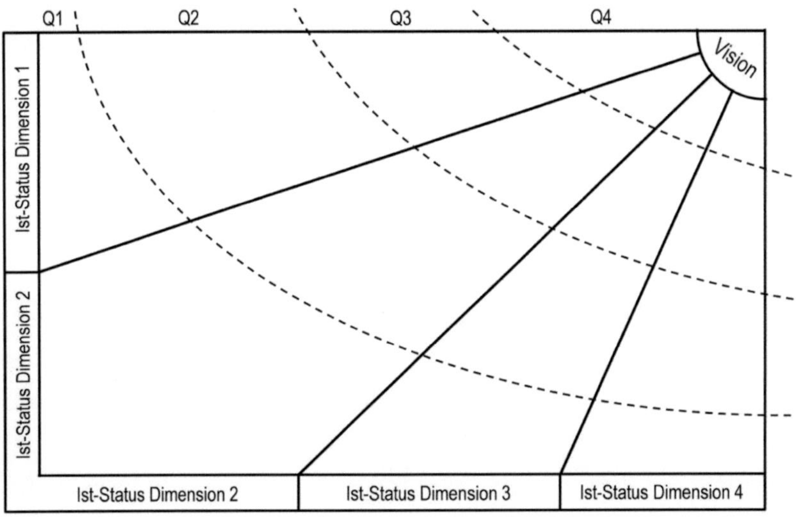

Abb. 6-2: Transformation Map mit Etappenaufteilung nach Quartalen

Nun werden je Dimension und Etappe verschiedene Meilensteine definiert. Der Detailgrad kann dabei variieren, es sollte jedoch ein umfangreiches und dennoch übersichtliches Gesamtbild entstehen. Je nach Detailgrad können die einzelnen Meilensteine noch zusätzlich mit Kennzahlen und angestrebten Personentagen als Aufwand versehen werden. Werden die Meilensteine noch um eine Angabe von Personentagen erweitert, kann auch schnell der geplante Gesamtaufwand des Transformationsvorhabens berechnet werden. Für den Praxiseinsatz empfiehlt es sich, die Transformation Map auch etappenweise zu aktualisieren und regelmäßig auf die Einhaltung der acht Prinzipien von Kotter zu prüfen. Abb. 6-3 enthält eine einfache Darstellung einer möglichen Transformation Map.

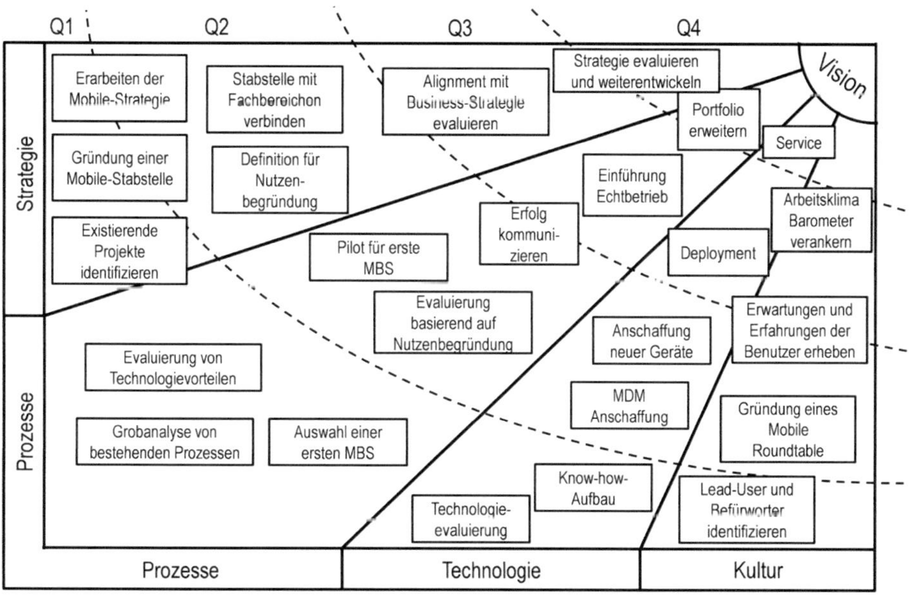

Abb. 6-3: Beispielhafte Darstellung einer Transformation Map

6.2 Ausprägungen für Transformation zum Mobile Business in der Praxis

Dieser Abschnitt befasst sich mit der Strukturierung der schrittweisen Transformation einer Unternehmenssituation vor der Einführung bis zu der Zeit nach der Einführung einer MBS. Neben der bereits beschriebenen Prozesstransformation mittels einer MBS möchten wir mit diesem Kapitel auf den Management-Kontext bei Einführungsprojekten einer MBS eingehen, wie er in der Praxis zu beobachten ist. Zusammengefasst werden hierunter die Themen der Einführungsmethodik bzw. des Change Managements und der Erfolgskontrolle bzw. Wartung nach Einführung. Wir haben in allen Fallstudien diese Fragen angesprochen, wohlwissend, dass sie teils besser, teils gar nicht beantwortet werden konnten. Abb. 6-4 fasst die von den Unternehmensvertretern beschriebenen Ansätze zusammen. Die Ausprägungen in der Praxis sind nicht als Best-Practice zu verstehen, geben aber einen guten Einblick in die bestehenden Gepflogenheiten.

Transformation und Kontrolle					
Einführungstyp	Big Bang	Phasenweise	Parallel		
Monitoring der MBS-Nutzung	keine	via Controlling (oder Social-Media)-Abteilung	unregelmäßige Kontrolle	1 Kanal, standardisierte Suche	Multi-Kanal Monitoring
Eingerichteter Support für die MBS	Self-Service	allgemeiner Service Desk	mobile Service Desk / 1st-Level Support		
App Store Monitoring	keines	via Marketing oder Social-Media-Abteilung	„ab und zu schaue ich rein"	standardisiertes Monitoring	

Abb. 6-4: BE-Modell – Transformation und Kontrolle

6.2.1 Einführungsmethode

MBS werden selten auf einen Schlag (Big Bang) eingeführt. Meist werden in einem Prototyp gewisse Dinge evaluiert, bevor man sich gänzlich der MBS verschreibt. Parallelität zwischen MBS und einer weiteren Variante ist oft der Fall, stellen MBS doch wie beschrieben vielfach nur eine Kanalerweiterung dar. Die Aufgaben Service und Support nach Einführung einer MBS werden meist von Abteilungen übernommen, welche mit der Entwicklung der MBS an sich nichts zu tun hatten. Hier werden also neben der Entwicklung in aller Regel ein umfangreiches Servicekonzept sowie die Schulung von Serviceangestellten notwendig. Ein Thema, das aus unterschiedlichen Gründen noch nicht auf dem Plan steht, ist das Monitoring von MBS. Das gilt sowohl für die internen MBS als auch für MBS in öffentlichen App Stores, in denen die Unternehmens-Apps mit zahlreichen Apps von Drittanbietern gelistet sind und teilweise konkurrieren. In den Unterkapiteln werden diese Punkte detaillierter ausgeführt.

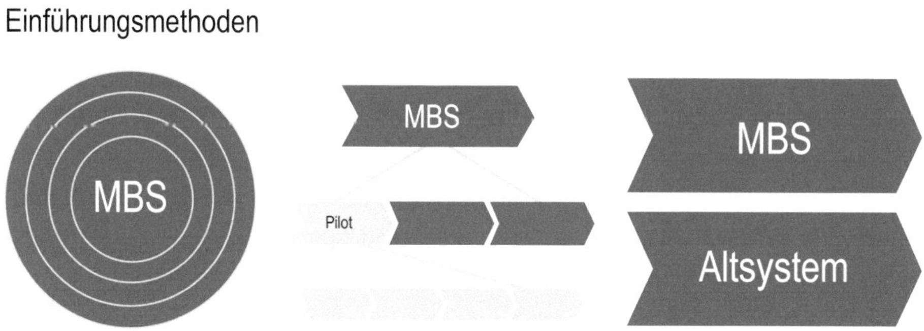

Abb. 6-5: Einführungsmethoden

Die Einführung einer MBS erfolgte bei den besprochenen Fallbeispielen auf drei unterschiedliche Arten. Auf einen Schlag (Big Bang) bezeichnet eine Variante, in der am Tag X ein Altsystem durch eine MBS abgelöst wird. Die phasenweise Einführung führt die MBS Stück für Stück ein. In der parallelen Einführung besteht ein Altsystem weiter. Abb. 6-5 veranschaulicht die Varianten.

Big Bang

Nur in einem der MBS-Fallbeispiele (leider keine Nennung möglich) wurde eine sogenannte «Big-Bang-Einführung» durchgeführt. Für die anderen Befragten war das damit verbundene Risiko schlicht zu hoch. Diese Art der abrupten Einführung erfordert neben Vertrauen in die MBS auch einen hohen Aufwand für das Change Management. Unternehmen müssen vor Einführung intensiv interne Marketingmaßnahmen durchführen, um die Aufmerksamkeit und Relevanz auf die neue Lösung zu lenken. Während den ersten Tagen nach der Big-Bang-Adaption besteht zudem erhöhter Servicebedarf. Die Wahrscheinlichkeit, «Kindheitsfehler» aufzudecken, ist hoch. In vielen Fallstudien wurde die Möglichkeit der Big-Bang-Einführung in etwa wie folgt bewertet:

▶ STATEMENT AUS DER PRAXIS

«Sicher wäre es wünschenswert, einen sauberen Schnitt zwischen der Altlösung und der MBS zu machen. Man hätte sofort alle Mitarbeitenden an Bord und müsste keine Überzeugungsarbeit mehr leisten. Allerdings ist das die riskanteste Form der Einführung. Wenn etwas schief geht, ist es gleich ein Debakel, und das Risiko wollten wir nicht eingehen.»

Typisches Zitat innerhalb der Experteninterviews

Phasenweise Einführung

Meist entscheiden sich Firmen, eine MBS phasenweise einzuführen. Für die Definition der Phasen gibt es unterschiedliche Grundlagen:

- Nach Funktionsumfang (Feature-basiert).
- Nach Anwenderrolle (z.B. Außendienst, Führungsperson etc.).
- Nach Unternehmenseinheit (fachbereichs-, abteilungsbasiert).
- Nach Region (z.B. EMEA, Deutschland Süd etc.).

Innerhalb der aufgenommenen Fallstudien kommt einer Konstellation eine besondere Relevanz zu, nämlich der phasenweisen Einführung. Bei ihr besteht die erste Phase in der Nutzung eines Prototypen durch eine bestimmte Anwenderrolle oder Unternehmenseinheit. Diese Prototypen sind oft über ein Innovationsbudget finanziert und dienen eigentlich der Evaluierung des MBS-Konzepts. Erst bei Akzeptanz des Prototypen durch die Tester wird eine Vorstandsvorlage erarbeitet und z.B. die Wirtschaftlichkeit geprüft. Dieses Vorgehen hat den klaren Vorteil, dass ohne bürokratische oder politische Hindernisse relativ schnell und günstig unternehmensspezifische Einblicke in die Thematik gewonnen werden können. Der Nachteil ist, dass zum einen durch diese Form die Kostenstruktur der endgültigen MBS verschleiert wird, zum anderen über jeden Prototyp quasi eine Insellösung entsteht. Beispielhaft für das beschriebene Vorgehen wird nachfolgend das Beispiel AXA Winterthur angeführt:

STATEMENT AUS DER PRAXIS

«Unsere Fokusgruppe besteht absichtlich nicht aus ausschließlich technikaffinen Freiwilligen, sondern aus Beratern mit unterschiedlichem Hintergrund und Alter. Diese haben wir auch nicht gefragt, sondern definiert. Somit haben wir zwei vergleichbare Teams mit einem repräsentativen Querschnitt.»

Eva Weber, Außendienst Koordination, Axa Winterthur

Parallele Einführung

Neben der phasenweisen Einführung kommt der parallelen Einführung im Bereich MBS eine größere Relevanz zu. Unternehmen lassen oft ein Altsystem bestehen, auch wenn die MBS bereits (über Big Bang oder phasenweise) eingeführt wurde. Dieser Ansatz wird über zwei zentrale Punkte begründet:

- Ausfallsicherheit: Wie oben beschrieben, akzeptiert man für eine Übergangsphase (die je nach laufenden Kosten des Altsystems auch mehrere Jahre betragen kann) die parallele Nutzung eines Altsystems und der MBS. Stellt dies bei MBS, die lediglich eine Kanalerweiterung darstellen, kein Problem dar, entstehen bei MBS, die in Ausführungsprozessen genutzt werden, ernstere Probleme (siehe nachfolgendes Beispiel).
- Luxus: Bei qualitativ begründeten MBS, die das Ziel Mitarbeiterzufriedenheit verfolgen, bleiben gewünscht zwei parallele Angebote bestehen. Da in diesen Fällen meist weniger Kostendruck besteht, lautet das Motto hier: «Wussten Sie schon, das bieten wir auch als mobilen Service an.»

Ein paralleles Bestehen zwischen der alten Vorgehensweise und einer bestehenden MBS kann zu stark erhöhtem Managementaufwand führen. Dies zeigt das bereits beschriebene Beispiel der MBS von Fraport und Lufthansa am Flughafen Frankfurt:

▸ STATEMENT AUS DER PRAXIS

«Wir haben das mobile DIVA im Prinzip phasenweise eingeführt, wobei die alte Vorgehensweise, also der Papierprozess, sehr lange parallel bestehen blieb. Gestartet sind wir in einem kleinen Flügel (Gate T2) am Frankfurter Flughafen mit überschaubarem Wegenetz. Auf Seiten der Disponenten war es eine riesen Umstellung. Viele

haben in ihrer Lehrzeit noch mit Hilfe von Tafel, Block und Klebezettel disponiert. Sich komplett auf das System zu verlassen, kostet natürlich Überwindung. In der Übergangsphase war es sehr kritisch abzuschätzen, ob bei Go-live alles klar gehen würde. Wir haben den Papierprozess noch 6 Wochen parallel ausgeführt, d.h. einige Mitarbeitende haben mit Handhelds gearbeitet, andere noch auf Papier. Der reine Papierprozess lag quasi on-demand bereit, um einzuspringen. Insgesamt waren das die stressigsten Wochen, die parallele Ausführung ist eben sehr fehleranfällig und schwer zu kontrollieren.»
Astrit Hohlstein, Leitung FRACARE

6.2.2 Service und Support für die MBS

Ist eine MBS erfolgreich ausgerollt und in Betrieb, stellt sich die Frage nach der Verantwortlichkeit für Service und Support. Ähnlich zu spezialisiertem MBS Monitoring hat sich auch ein spezieller MBS Support nicht wirklich etabliert. In der Regel liegen Service und Support bei anderen Abteilungen als den Verantwortlichen für Konzeption und Entwicklung, da MBS wie beschrieben bei Einführung von Projekt in Linientätigkeiten überführt werden. Hieraus resultieren drei im Folgenden beschriebene, häufig genannte Varianten für Service und Support: Self Service, Allgemeiner Service Desk oder Spezialisierter Service Desk.

Self Service

Oft bestehen nach Inbetriebnahme der MBS keine definierten Supportprozesse. Werden in der Prototypenphase bereits Use Cases der MBS für Schulungen dokumentiert, können diese jedoch auch für den Support eingesetzt werden. Ein häufig genannter Ansatz des Service und Supports sind daher Self-Service-Ansätze, bei denen die Mitarbeitenden zuerst selbst versuchen, Probleme in den Griff zu bekommen. Die genannten Beispiele erstrecken sich von speziellen Rubriken im Intranet über FAQs bis hin zur freiwilligen Hilfe durch Mitarbeitende mit einem höheren technischen Verständnis bzw. sogenannte Lead-User [von Hippel, 1986].

Allgemeiner Service Desk

Der Standardansatz für Service und Support bei MBS ist es, das Thema an den bestehenden allgemeinen Service Desk des Unternehmens (oft auch User Helpdesk oder IT Support genannt) anzugliedern. Hierfür werden die bereits erstellten Unterlagen mit Support Use Cases, FAQs etc. an einen Service Desk weitergegeben, der dann allen Anwendern zur Verfügung steht.

Spezialisierter Service Desk

Das höchste Servicelevel, das wir innerhalb der Fallstudien für MBS erkennen konnten, baut auf der zuvor beschriebenen Variante auf. Hier werden im Rahmen des MBS-Projekts speziell für Mitarbeitende des Service Desk Schulungsunterlagen erstellt. Neben den allgemeinen Use Cases, in denen die Abläufe der MBS erklärt werden, definiert man in diesem Fall weitere Standard Service Use Cases für den Support. Diese beinhalten erwartete Fragen und vorgegebene Lösungsansätze. Bei Release-Wechseln sind also in diesem Szenario nicht nur die Nutzer, sondern teils auch die Helpdesk-Mitarbeitenden betroffen. Diese Version bzw. Form der Umsetzung ist mit Abstand die aufwändigste.

6.2.3 Monitoring der MBS-Nutzung

Die Thematik «Monitoring der Effizienz eingeführter MBS» wurde von den Befragten in den Fallstudien sehr ungern behandelt. Wir fragten z.B. «Findet ein Monitoring der Nutzung der MBS statt?», «Welche Kennzahlen werden erhoben?», «Werden die Nutzungszahlen statistisch erfasst?» und «Wie wird ein Monitoring technisch umgesetzt?». Nach einem kurzen bejahenden oder verneinenden Statement wurde hier meist das Argument «Betriebsrat» in das Gespräch eingebracht. Auf detaillierte Angaben der Unternehmen bzw. Zitate soll an dieser Stelle nicht tiefer eingegangen werden.

Möchten Unternehmen die Effizienz ihrer eigenen MBS messen, müssen sie sich in Deutschland direkt mit dem Vorwurf Mitarbeiterüberwachung auseinandersetzen. Dies bedeutet, dass ein personenbezogenes Tracking für die meisten Unternehmen ein Tabuthema darstellt. Die Argumentation lautet, dass kein Mitarbeitender danach bewertet werden darf, wie gut er oder sie die zur Verfügung gestellten Betriebsmittel (hier also die MBS) einsetzt. Für viele Unternehmen stellen daher freiwillige Umfragen unter den Anwendern den einzigen Zugang zum Nutzungsverhalten der Mitarbeitenden dar. Vor allem während oder nach der Prototypphase sind Umfragebögen zwecks Monitoring der Lösung sehr beliebt.

Aus Sicht der IT müssen natürlich die Prozessdaten gesichert und ebenfalls, z.B. zum Zwecke der Qualitätssicherung, aufbereitet werden. Ein internes MBS Monitoring, z.B. in Form eines Kennzahlensystems über die Verwendung der MBS, ist aus technischer Sicht heute trotzdem noch kein Standard. Wenn Kennzahlen erhoben werden, befinden sich diese meist auf sehr generischem Niveau, z.B.:

- Anzahl der Mitarbeitenden, welche die MBS nutzen.
- Anzahl der Abschlüsse/Transaktionen über die MBS.
- Anzahl Pageviews in der MBS (bei Web-Apps und mobilen Webseiten).
- Anzahl Downloads aus der MBS heraus.

Diese Beispiele zeigen deutlich, dass rein unter technischen Gesichtspunkten mobile Webseiten deutlich einfacher zu analysieren sind als native Apps. Bei letzteren ist man auf Vorgaben aus der MDM Software bzw. auf proprietäre Anpassungen angewiesen. Ist die MBS in Form einer mobilen Webseite (also auch in Form eines Wrappers) umgesetzt, kann das Nutzerverhalten in der gewohnten Umgebung analysiert werden (also in der offensten Form z.B. Google Analytics verwendet werden). Für native Apps existieren derzeit lediglich erste Ansätze von Analytics Tools (vgl. z.B. Flurry, 2013). Eine sehr typische Beschreibung der Thematik Monitoring liefert Michael Busch, CIO bei der Hamburger Hafen Logistik AG:

▶ **AUS DER PRAXIS**

«Personenbezogene Daten dürfen wir nicht zur Leistungskontrolle einsetzen. Daher wird auf dieser Ebene auch nichts erhoben. Ein Prozessmonitoring ist natürlich trotzdem notwendig. Das ist aber zunächst nicht abhängig davon, ob eine mobile oder stationäre Lösung im Einsatz ist. Prozesse, die über mobile Endgeräte angestoßen oder ausgeführt werden, müssen, wie alle anderen auch, in die Messung unserer Prozessqualität einbezogen werden. Mit den Daten (z.B. Fahrzeugdaten oder Betriebsstundenzähler) erheben wir unsere Produktionsstatistiken und sichern die Qualität der Prozesse. Das Monitoring ist also auch aus Sicherheitsgründen unabdingbar.»

Michael Busch, CIO bei der Hamburger Hafen Logistik AG

6.2.4 App Store Monitoring

Neben der Qualitätskontrolle der MBS wurde in allen Fallstudien das Thema App Store Monitoring angesprochen. Dies ist eine sehr junge Thematik, die mitunter noch nicht in Unternehmen angekommen ist.

Trotzdem glauben wir, dass das Thema gut geeignet ist, um den Kontext Enterprise Mobility zu verstehen. In allen Fallstudien wurde also gefragt: «Ist Ihnen bekannt, ob Ihr Unternehmen weitere Angebote in einem öffentlichen App Store anbietet?» und «Wird kontrolliert, welche Angebote generell unter Ihrer Marke im App Store angeboten werden?».

Prüft die erste Frage noch lediglich die Aufmerksamkeit für das Thema Mobile und seine Verankerung im Unternehmen, bezieht sich die zweite Frage auf ein sachliches Problem, das zunehmend in öffentlichen App Stores auftritt. Hier fällt es wegen einer Fülle von teils schlecht und unprofessionell implementierten Apps von Drittanbietern schwer, die von Unternehmen zu Marketingzwecken eingestellten Apps von diesen «Fremd-Apps» zu unterscheiden. Am stärksten betroffen sind hier Unternehmen mit starker Marke, die zugleich im Endkundengeschäft tätig sind.

Abb. 6-6: Screenshots für App-Wildwuchs am Beispiel von Automobilkonzernen

Beispielhaft wollen wir an dieser Stelle die führenden Automobilkonzerne herausgreifen. Abb. 6-6 zeigt am Beispiel des App Stores von Apple, dass die Unternehmen mit ihren eigenen Apps direkt neben Apps von Drittanbietern erscheinen, die sich ebenfalls der Marke bedienen. Um dies zu verdeutlichen, wurden wahllos je 16 der ersten 25 Treffer bei der Suche

nach den Marken Audi, BMW, Daimler und Volkswagen im Apple App Store heruntergeladen. Es sei an dieser Stelle noch vermerkt, dass es auch möglich gewesen wäre, über 50 Apps pro Marke zu zeigen. Man sieht, dass sich ein Wildwuchs an Apps entwickelt, für den die Unternehmen bislang wenig Interesse aufbringen. Für den Endkunden wird es jedoch schwieriger, zwischen Original- und Drittanbieter-Apps zu differenzieren. Viele Unternehmen betreiben kein App Store Monitoring, beziehungsweise haben das Thema bislang nicht strategisch betrachtet. Daher erscheint das Bild an Apps nicht aus einem Guss (vgl. Strategieebene). Es werden diverse Frameworks eingesetzt, verschiedene Icons verwendet, Sprachen gemischt, Apps mit Rechtschreibfehlern herausgegeben etc.
Es kann allerdings auch festgestellt werden, dass die Problematik zumindest auf der Anbieterseite erkannt wurde. So gibt es mittlerweile eine Reihe von Diensten, die sich genau diesem Thema widmen (bspw. distimo[1], appfigures[2], apptrace[3], App Annie[4], mopapp[5], Apsalar[6] etc.).

Die befragten Unternehmen gaben meist an, dass ihnen diese Tatsache zuvor nicht bewusst war. Bewertend kann konstatiert werden, dass das Thema App Store Monitoring derzeit teilweise berührt, jedoch nicht so strukturiert wie oben dargestellt durchgeführt wird. Mobile-Verantwortliche suchen in unregelmäßigen Abständen in verschiedenen App Stores nur nach bestimmten Suchbegriffen, meist den Namen der eigenen Marke oder denen der Konkurrenz, oder nach bestimmten Produkten.

1 www.distimo.com
2 http://appfigures.com
3 www.apptrace.com
4 www.appannie.com
5 www.mopapp.com
6 http://apsalar.com

Dies hat verschiedene Hintergründe:

- Man betreibt Markt- oder Wettbewerberforschung, schaut also, was die Konkurrenz so alles anbietet, mit dem Ziel, das eigene App-Angebot zu benchmarken und zu lernen.
- Man informiert sich über das Endkundenangebot des eigenen Konzerns. Hierzu sei auf das obige Kapitel zur organisatorischen Einbettung des Themas Mobile in einen Konzern verwiesen. Unternehmen wissen oft nicht, wer im Konzern ebenfalls mit Mobile zu tun hat und daher auch nicht, welche Apps es vom eigenen Arbeitgeber im Store gibt.

Unternehmen verfolgen darüber hinaus meist das Feedback und die Bewertungen, welche innerhalb der App Stores von Endkunden eingegeben werden. Roland Greber, Programmleiter Mobile bei PostFinance, beschreibt diese Aufgabe wie folgt:

STATEMENT AUS DER PRAXIS

«Es gehört zur Aufgabe von jedem App-Gesamtverantwortlichen, dass man die Bewertungen im App Store liest, auch agiert, vor allem wenn es unberechtigterweise negatives Feedback gibt. Der App-Gesamtverantwortliche sollte auch mit den einschlägigen Social-Media-Kanälen arbeiten, um die Qualität des eigenen Angebots laufend zu verbessern und zu hinterfragen, also die Leute einfach mal ansprechen: Hey, seid Ihr denn noch zufrieden mit der App? Was bräuchte es denn noch? Was können wir noch besser machen?».

Roland Greber, Programmleiter Mobile bei PostFinance

Daneben wird dem Thema «App Store Monitoring» von Unternehmen meist Genüge getan, indem die einzelnen – i.d.R. absoluten – Kennzahlen einmal monatlich aufbereitet werden. Das heißt, man ist derzeit in erster Linie an den Downloadzahlen der eigenen Apps interessiert. Diese werden sogar als Erfolgsgröße bis zum Vorstand weitergegeben. Zu dieser Handhabung seien kurz zwei Aspekte angesprochen:

- Absolute Werte, wie z.B. die pure Anzahl an Downloads, besitzen wenig Aussagekraft. Sie sollten entweder in Relation zu einer Fixgröße (z.B. Anzahl Bestandskunden) gesetzt oder auf eine echte Erfolgsgröße (z.B. Anzahl Abschlüsse, In-App-Käufe oder die Conversion Rate) bezogen werden. Diverse Studien zeigen, dass die meisten Apps zwar oft heruntergeladen, aber selten verwendet werden.
- Der zweite Aspekt wurde bereits im vorherigen Kapitel angesprochen und beinhaltet die technische Messbarkeit. Gerade in nativen Apps ist es nicht möglich, die Klicks der Anwender nachzuvollziehen.

Auf die abschließend gestellte Frage «Wie wird vorgegangen, falls Ihnen eine solche Markenrechtsverletzung (mobile Anwendungen eines Dritten als öffentliches Angebot) auffällt?» wurde ein einheitlicher Eskalationsweg beschrieben. Fällt einem Mitarbeitenden solch ein Problem auf, würde der Weg über den App-Verantwortlichen zur Rechtsabteilung führen. Einen konkreten Vorfall dazu konnten wir zum Zeitpunkt der Erhebung nicht in Erfahrung bringen.

6.3 Fallbeispiel

Das folgende Fallbeispiel bezieht sich auf die BYOD-Strategie der Swiss Re (vgl. Kapitel 2). Stefan Sieger, Managing Director und Head of IT Customer Service, beschreibt die Maßnahmen, die durchgeführt wurden, um die BYOD-Strategie im Unternehmen zu verankern. Das Interview wurde im Februar 2013 von Thomas Sammer aufgezeichnet.

Aspekte des Change Managements
Link: https://vimeo.com/69967828
Passwort: mobile

6.4 Reflexionsfragen

- Welche Gefahren sehen Sie, wenn die Unternehmenstransformation nicht koordiniert bzw. geplant wird?
- Sind Sie mit den Prinzipien nach Kotter einverstanden?
- Wie würden Sie eine Transformation Map für Ihr Unternehmen gestalten?
- Welche weiteren Dimensionen (linke und untere Kante) können für eine Transformation Map relevant sein?

6.5 Literatur

Baumöl, U. & Winter, R. (2008). Change Management in Organisationen: Situative Methodenkonstruktion für flexible Veränderungsprozesse. Wiesbaden: Gabler.

Bruch, H. (2003). Lufthansa 2003. Energising a Decade of Change. Case study an der Universität St.Gallen, in Zusammenarbeit mit Lufthansa School of Business.

Flurry (2013). Flurry Analytics. Retrieved January 18, 2013, from www.flurry.com/flurry analytics.html.

Johnson, G., Scholes, K. & Whittington, R. (2006). Exploring corporate strategy (7th ed.). Harlow et al: FT Prentice Hall.

Kotter, J. P. (1996). Leading Change: Why Transformation Efforts Fail. (cover story). Harvard Business Review, 73(2), (pp. 59–67).

Kotter, J. P. (2007). Leading Change. Harvard Business Review, 85(1), (pp. 96–103).

Krüger, W. (2009). Excellence in Change: Wege zur strategischen Erneuerung. Wiesbaden: Gabler.

von Hippel, E. (1986). Lead-Users: A Source of Novel Product Concepts. Management Science, 32(7), (pp. 791-805).

Wang, L. (2011). Coming to Terms with the Consumerization of IT. Harvard Business Review Blog. Retrieved 2013, from http://blogs.hbr.org/cs/2011/07/coming_to_terms_with_the_consu.html.